扫码看视频·轻松学技术丛书

综合利用

中国农学会　组编

U0233073

中国农业出版社

北　京

编 委 会

前言

　　我国是农业大国，农作物秸秆种类繁多、数量巨大、分布广泛。近年来，随着我国粮食生产实现"十四连丰"的巨大成就，农产品供给日渐充裕，农作物秸秆产量也逐年递增，截至目前，我国每年秸秆资源总量约达10亿吨，可收集量8亿多吨。同时伴随着农村生产生活方式的变革、农村能源结构的调整，大量秸秆因得不到及时有效的处理、利用，出现区域性、季节性和结构性过剩，导致秸秆露天焚烧与随意丢弃现象时有发生，引发局部地区大气、水体等环境污染问题，成为各级政府与全社会高度关注的焦点与热点。2008年以来，在有关部门的大力推动下，特别是把推进秸秆综合利用作为发展生态循环农业、建设美丽乡村和防治大气污染重点工作来抓，取得了显著成效。截至2017年，全国主要农作物秸秆综合利用量达到6.73亿吨，综合利用率达到 81.7%，已经形成了以肥料化利用为主，饲料化、燃料化、基料化、原料化利用为辅的综合利用新格局。

　　党的十九大对实施乡村振兴、精准脱贫攻坚、整治环境污染等一系列重大战略做出了部署，我国农业农村经济进入了高质量、可持续发展的新阶段，农业绿色发展、乡村综合治理、生态环境保护，对秸秆资源化利用提出了更高的要求。为响应党中央的号召，满足农村基层的生产生活实际需求，扎实有效地推动农作物秸秆综合利用技术的普及应用，中国农学会发挥自身专家荟萃的优势，组织数十位专家共同编撰了《秸秆综合利用》科普图书，以飨读者。该书主要包括闲话秸秆、秸秆肥料化利用、秸秆饲料化利用、秸秆食用菌基料化利用、秸秆能源化利用、秸秆原料化利用、秸秆收贮运技术七大部分，详细介绍了与农业生产和农民生活密切相关的秸秆综合利用技术流程。该书结构清晰、合理，内容翔实、系统，图文并茂，通俗易懂，**更让读者感到不一样的是：**还可以通过微信扫码观看微视频，可视化的学习秸秆综合利用知识和技术。相信该书能够为引导基层农技人员和农民朋友因地制宜地开展秸秆综合利用，促进农业增产增效、农民增收致富和美丽乡村建设提供有力的技术支撑。

在本书的编写过程中，得到了农业农村部科技教育司的大力支持，中国农业科学院、中国农业大学、农业农村部农业生态与资源保护总站、农业农村部规划设计研究院、全国农业技术推广服务中心、山东省秸秆生物工程技术研究中心、内蒙古自治区农牧业科学院、吉林省农业科学院、江苏省农业科学院、中国绿色建材产业发展联盟等单位的有关专家付出了辛勤的劳动，在此一并致谢。

由于时间和水平有限，本书的疏漏或不当之处在所难免，也敬请广大读者批评指正。

编　者

2018年7月

目录

SAOMA KAN SHIPIN QINGSONG XUE JISHU CONGSHU

目　录

（六）典型案例 ……………………………………………… 123
六、秸秆制取生物乙醇技术 ………………………………… 125
　　（一）技术原理与应用 …………………………………… 125
　　（二）技术流程 …………………………………………… 125
　　（三）技术操作要点 ……………………………………… 126
　　（四）注意事项 …………………………………………… 127
　　（五）适宜区域 …………………………………………… 127
　　（六）典型案例 …………………………………………… 127

第六部分　秸秆原料化利用 ………………………………… 129

一、秸秆人造板材生产技术 ………………………………… 129
　　（一）技术原理与应用 …………………………………… 129
　　（二）技术流程 …………………………………………… 129
　　（三）技术操作要点 ……………………………………… 130
　　（四）注意事项 …………………………………………… 131
　　（五）适宜区域 …………………………………………… 132
二．秸秆复合材料生产技术 ………………………………… 132
　　（一）技术原理与应用 …………………………………… 132
　　（二）技术流程 …………………………………………… 132
　　（三）设备选型 …………………………………………… 134
　　（四）注意事项 …………………………………………… 135
　　（五）适宜区域 …………………………………………… 136
三、秸秆清洁制浆技术 ……………………………………… 136
　　（一）有机溶剂制浆技术 ………………………………… 136
　　（二）生物制浆技术 ……………………………………… 138
　　（三）DMC 清洁制浆技术 ……………………………… 139

第七部分　秸秆收贮运技术 ………………………………… 141

　　（一）技术原理与应用 …………………………………… 141
　　（二）技术流程 …………………………………………… 141
　　（三）技术操作要点 ……………………………………… 142
　　（四）注意事项 …………………………………………… 150
　　（五）适宜区域 …………………………………………… 150
　　（六）典型案例 …………………………………………… 151

第一部分 闲话秸秆

一、什么是秸秆

秸秆是成熟农作物茎叶（穗）部分的总称。通常指小麦、水稻、玉米、油料、棉花、甘蔗和其他农作物收获产品（籽实）后的剩余部分。农作物光合作用的产物有一半以上用于茎秆的生长，秸秆中含有大量的粗纤维及丰富的氮、磷、钾、钙、镁等营养元素，因此，秸秆是一种

秸秆家族

具有多用途的可再生的生物资源，只要科学合理地利用，就能变废为宝。

我国农民对作物秸秆的利用有悠久的历史，只是由于从前农业生产水平低、产量低，秸秆数量少，秸秆除少量用于垫圈、喂养牲畜，部分用于堆沤肥外，大部分都作燃料烧掉了。随着农业生产的发展，我国自20世纪80年代以来，粮食产量大幅度提高，秸秆数量也随之增多，加之省柴节煤技术的推广，农村沼气和液化气的普及，农作物抢种抢收以及农村劳动力的大量转移等原因，使得农村有大量秸秆而得不到有效的处置和利用，有些农民干脆一烧了之，殊不知，焚烧秸秆不仅严重污染环境，危害自己及他人健康，而且还严重浪费生态资源。

二、焚烧秸秆的四大危害

危害一：污染大气环境，危害人体健康。有数据表明，焚烧秸秆时，大气中二氧化硫、二氧化氮、可吸入颗粒物三项污染指数达到高峰值，其中二氧化硫的浓度比平时高出1倍，二氧化氮、可吸入颗粒物的浓度比平时高出3倍，相当于日均浓度的五级水平。通常，当可吸入颗粒物浓度达到一定程度时，对人的眼睛、鼻子和咽喉有黏膜的部位刺激较大，轻则造成咳嗽、胸闷、流泪，严重时可能导致支气管炎发生。

危害二：引发火灾，威胁群众的生命财产安全。秸秆焚烧，极易引燃周围的易燃物，尤其是在村庄附近，一旦引发火灾，后果将不堪设想。

危害三：引发交通事故，影响道路交通和航空安全。焚烧秸秆形成的烟雾，造成空气能见度下降，可见范围减小，容易引发交通事故。

危害四：破坏土壤结构，造成耕地质量下降。焚烧秸秆使地面温度急剧升高，能直接烧死、烫死土壤中的有益微生物，影响作物对土壤养分的充分利用，直接影响农田作物的产量和质量，影响农业收益。

焚烧秸秆引发火灾

焚烧秸秆留下的片片焦土

三、秸秆可用来做什么

秸秆综合利用，变废为宝，是解决秸秆焚烧问题的一项利国利民的综合性工程，它不仅能够减轻环境污染，改善村容，还能增加农民收入，是一件有益而无害的事情。与农业生产与农民生活关系密切的利用方式有：

秸秆肥料化利用

秸秆直接还田　　　秸秆堆沤还田　　　秸秆生物反应堆　　反应堆原理示意图

秸秆饲料化利用

秸秆食用菌基料化利用

秸秆能源化利用

秸秆沼气利用　　　　秸秆气化利用　　　　秸秆固体成型

第二部分 秸秆肥料化利用

一、秸秆覆盖还田技术

（一）技术原理与应用

 作物秸秆中含有大量氮、磷、钾等营养元素和纤维物质。以玉米为例，把秸秆还回地里，等于把作物从土壤中拿走的近一半的氮、一半多的钾和部分磷返回到地里。在相同的施肥水平下，比秸秆不还田增加了许多营养物质，有利于产量提高。下表是几种粮食作物秸秆中氮、磷、钾的含量占作物全部营养元素含量的比例。

秸秆中氮、磷、钾含量占作物全部氮、磷、钾含量的比例表

作　物	氮（%）	磷（%）	钾（%）
小　麦	25.3	10.2	65.1
水　稻	47.3	18.0	70.0
玉　米	44.0	12.8	67.1
大　豆	23.8	10.6	30.4

研究表明：每亩*返还1 000千克禾本科作物秸秆，相当于给土壤补充15千克尿素、10千克过磷酸钙和22千克硫酸钾。

秸秆还田除具补充土壤营养元素的作用外，在增加土壤有机质、维持碳

---

*　亩为非法定计量单位，15亩＝1公顷。

秸秆还田

平衡、改善土壤结构,促进农业可持续发展方面,具有更加重要的意义。因为目前农田主要施用化肥,有机肥施用很少,造成农田有机质含量降低、土壤板结、地力下降,严重威胁着农业的可持续发展。把作物秸秆返回土里,可以增加土壤中有机物质含量,给土壤微生物提供营养,使土壤疏松、透气,土壤中的水、肥运行畅通,作物及时得到供应,产量稳定增加。作物秸秆覆盖还田,更具有减少风蚀、水蚀,保水、保土,保护农田生态环境的作用。

秸秆覆盖还田是秸秆还田未来发展的主要模式,2008年全国机械化秸秆覆盖还田面积达到2.4亿亩。

（二）技术流程

秸秆覆盖还田按秸秆形式分为:碎秸秆覆盖还田和根茬覆盖还田两种。

1. 碎秸秆覆盖还田技术流程

机械粉碎秸秆 ⟶ 均匀铺放地表 ⟶ 免耕播种机进行播种

秸秆粉碎采用秸秆还田机或利用联合收割机安装的秸秆切碎抛撒器来完成作业。目前我国小麦80%以上已经采用联合收割机收获,通过在联合收割机上安装的"秸秆切碎抛撒器",就可以把麦秆切碎铺匀。但也有的联合收割机没有安装,此时就还需要用秸秆切碎还田机来完成作业。有一些玉米联合收割机没有安装有秸秆切碎装置，就需要在收获后，再用秸秆还田机粉碎秸秆。

秸秆还田机

玉米联合收割机秸秆切碎抛撒还田

玉米秸秆粉碎覆盖还田

小麦秸秆粉碎覆盖还田

由于地面有秸秆覆盖，普通播种机作业很容易被秸秆堵塞严重，无法完成播种工作，必须用专门的免耕播种机进行播种。

免耕播种机

玉米免耕播种机在玉米碎秆覆盖地免耕播种玉米

2.根茬覆盖还田技术流程

```
根茬覆盖  ──→  免耕播种
```

小麦根茬覆盖还田

玉米根茬覆盖还田

稻茬田人工播种小麦

麦茬覆盖地免耕播种小麦

（三）技术操作要点

1.碎秸秆覆盖还田

（1）**合理确定割茬高度**　从免耕播种角度考虑，只要免耕播种机能够顺利通过，对割茬高度没有特殊要求。但是冬春季节风大，秸秆容易被吹走的地方，可以考虑适当留高茬，以挡住秸秆，不被风吹走。

驱动防堵型小麦免耕播种机在播种小麦

（2）注重秸秆粉碎质量 要正确选择拖拉机或联合收割机的前进速度，使玉米秸秆粉碎长度控制在10厘米左右，小麦或水稻秸秆粉碎长度5厘米左右，长度合格的碎秸秆达到90%以上。播种时过长的秸秆容易堵塞播种机以及架空种子，使种子不能接触土壤而影响出苗。若发现漏切或长秸秆过多，秸秆还田机应进行二次作业，确保还田质量。

（3）秸秆铺撒均匀 不能有的地方秸秆成堆、成条，有的地方又没有秸秆，起不到覆盖作用。多数秸秆还田机或联合收割机安装的切碎器都能均匀地抛撒秸秆。如果发现成堆或成条的秸秆，可以用人工撒开，必要时用圆盘耙作业把秸秆分布均匀。

（4）保证免耕播种质量 应根据秸秆覆盖状况，选择秸秆覆盖防堵性能适宜的少免耕播种机。如果秸秆覆盖量大，可选用驱动防堵型少免耕播种机。

2.根茬覆盖还田

（1）合理确定根茬高度 根茬高度不仅关乎还田秸秆的数量，而且影响覆盖效果，即保水保土、保护环境的效果。根茬太低还田秸秆量不够，覆盖效果差；根茬太高则又可能影响播种质量以及用于其他方面（如饲料、燃料）的秸秆不足。据报道，小麦20～30厘米、玉米30～40厘米高的根茬覆盖比较合适，能够控制大部分水土流失。

（2）保证免耕播种质量 在仅有小麦（莜麦、大豆）根茬覆盖情况下，少免

玉米根茬覆盖地切茬免耕播种

耕播种质量相对容易保证。玉米根茬坚硬粗大，容易造成开沟器堵塞或拖堆，这种情况下，可采用对行作业方式，错开玉米根茬，或者采用动力切茬型免耕播种机进行作业。

（四）注意事项

（1）**注意防火** 在作物收获后到完成播种前的长时间里，地面都有秸秆覆盖，有时秸秆可能相当干燥，很容易引起火灾。所以防火十分重要。禁止人们在田间用火、乱丢烟头，特别防范小孩在田间玩火。

（2）**注意人身安全** 由于秸秆还田机上有多组转速很高（每分钟1 000多转）的刀片或锤片去切碎秸秆，如果刀片松动或者破碎甩出来，安全防护罩又不完整，就可能危及人身安全。因此操作者必须有合法的拖拉机驾驶资格，要认真阅读产品说明书，掌握秸秆还田机操作规程、使用特点后方可操作。

作业前：要对地面及作物情况进行调查，平整地头的垄沟（避免万向节损坏），清除田间大石块（损坏刀片及伤人）；要检查秸秆还田机技术状态，刀片固定是否牢固，防护罩是否完整，可将动力与机具挂接、接合动力输出轴，慢速转动1～2分钟，检查刀片是否松动，是否有异常响声，与罩壳是否有刮蹭。调整秸秆还田机，保持机器左右水平和前后水平。

作业中：①起步前，将还田机提升到一定的高度，一般15～20厘米，由慢到快转动。注意机组四周是否有人，确认无人时，发出起步信号。挂上工作挡，缓缓松开离合器，操纵拖拉机或小麦联合收割机调节手柄，使还田机在前进中逐步降到所要求的留茬高度，然后加足油门，开始正常作业。②及时清理缠草。清除缠草或排除故障必须停机进行，严禁拆除传动带防护罩。作业中有异常响声时，应停车检查，排除故障后方可继续作业，严禁在机具运转情况下检查机具。③作业时严禁带负荷转弯或倒退，严禁靠近或跟踪，以免抛出的杂物伤人。④转移地块时，必须停止刀轴旋转。

作业后：及时清除刀片护罩内壁和侧板内壁上的泥土层，以防加大负荷和加剧刀片磨损。刀片磨损必须更换时，要注意保持刀轴的平衡。个别更换时要尽量对称更换，大量更换时要将刀片按重量分级，同一重量的刀片才可装在同一根轴上，保持机具动平衡。

（3）**注意协调秸秆还田与他用的关系** 秸秆还田和离田并不对立。如果秸秆离田确有其他重要用途，可在田间保留适宜高度的根茬覆盖。

（五）适宜区域

（1）秸秆覆盖还田的适用范围广泛，重点在风蚀、水蚀比较严重，生态环境需要保护的北方地区；作业季节紧张的地区，如华北小麦—玉米区，夏季小麦收获后需要尽快播种玉米，就适合采用小麦秸秆覆盖还田，以及需要秸秆还田，但是希望降低作业成本或者缺乏大型拖拉机与铧式犁的地区。

（2）碎秸秆覆盖还田适宜于上述各类地区，但北方冬、春季风大的地区，碎秸秆容易被风吹乱、吹跑，不适宜碎秸秆覆盖。这些地方可以收获后先整秸秆覆盖，春季播种前再粉碎秸秆免耕播种。

（3）根茬覆盖还田适宜于需要秸秆用于饲料、燃料或原料的地区。如青饲养牛的地区，秸秆收后用做青贮，根茬留在地表覆盖；北方寒冷地区，秸秆收后用于冬季取暖，留下根茬覆盖还田。

（六）典型案例

案例1：《中国生态农业学报》2006年第2期刊登，霍竹等通过对夏玉米秸秆还田对比试验，得出常规施肥条件下，小麦秸秆覆盖还田比不还田的增产10%。

案例2：中国农业大学在山西临汾16年的小麦秸秆全量覆盖免耕试验，土壤有机质年增加0.03%。

案例3：四川省农业科学院土壤肥料研究所2006和2007年的试验：

小麦秸秆覆盖还田栽水稻比不覆盖增产1%～6%；

油菜秸秆覆盖还田栽水稻比不覆盖产量持平；

水稻秸秆覆盖还田种小麦比不覆盖增产9%～14%。

二、秸秆翻埋还田技术

（一）技术原理与应用

作物秸秆中含有大量氮、磷、钾等营养元素和纤维物质。秸秆还田除增加土壤营养成分外，更是提高土壤有机质含量，维持碳平衡，改善土壤结构，使土壤疏松、透气所必需的。秸秆还田关系到作物的稳产增产和农业的可持续发展。秸秆翻埋还田是秸秆还田的主要方式，2008年全国机械化秸秆翻耕还田面积达到3.4亿亩。截至2016年，全国机械化秸秆还田面积达到7.2亿亩。

秸秆翻埋还田按秸秆形式可分为：碎秸秆翻埋还田，整秸秆翻埋还田和根茬翻埋还田三种。

（二）技术流程

1. 碎秸秆翻埋还田技术流程

| 机械粉碎 | → | 均匀铺放地表 | → | 铧式犁翻埋（或旋耕机混埋） | → | 整　地 |

秸秆粉碎可以利用秸秆粉碎机或者安装有秸秆粉碎装置的联合收获机完成。不管采用哪种方式粉碎，都要保证秸秆粉碎质量，而且抛撒均匀。

秸秆还田机

安装有秸秆切碎抛撒器的小麦联合收割机

秸秆还田机粉碎玉米秸秆

铧式犁翻埋玉米秸秆

旋耕机混埋小麦碎秸秆

2.根茬翻埋还田流程

秸秆根茬 ⟶ 铧式犁翻埋（或旋耕机混埋） ⟶ 整 地

铧式犁把秸秆根茬翻埋入土

（三）技术操作要点

1.碎秸秆翻埋还田

（1）**还田时间选择** 在不影响粮食产量的情况下及时收获，趁作物秸秆青绿时及早还田，耕翻入土。此时作物秸秆中水分、糖分高，易于粉碎和腐解，迅速变为有机质肥料。若秸秆干枯时才还田，粉碎效果差，腐殖分解慢；秸秆在腐烂过程中与农作物争抢水分，不利于作物生长。

（2）**割茬高度确定** 秸秆还田机的留茬高度靠调整刀片（锤片）与地面的间隙来实现，留茬太高影响翻埋效果，留茬太低容易损毁刀片，一般保留5～10厘米。小麦联合收割机的割茬高度通过调整收割台高度来控制，割茬高度影响收割速度，有的机手为了进度快把麦茬留得很高，这是不符合要求的。

留茬高度既要考虑收割速度，也要考虑翻埋质量，一般取10～20厘米为适。

（3）注重秸秆粉碎质量　机手要正确选择拖拉机或联合收割机的前进速度，使玉米秸秆粉碎长度在10厘米左右，小麦或水稻秸秆粉碎长度5厘米左右，长度合格的碎秸秆达到90%。若发现漏切或长秸秆过多，应进行二次秸秆粉碎作业，确保还田质量。

（4）秸秆铺撒均匀　不能有的地方秸秆成堆成条，有的地方又没有秸秆。如果发现秸秆成堆或成条，应进行人工分撒，必要时还需要用圆盘耙作业把秸秆耙匀，以保证翻埋质量。

（5）保证翻埋质量　犁耕深度应在22厘米以上，耕深不够将造成秸秆覆盖不严，还要通过翻、压、盖，消除因秸秆造成的土壤"棚架"，以免影响播种质量。土壤翻耕后需要经过整地，使地表平整、土壤细碎，必要时还需进行镇压，达到播种要求。整地多用旋耕机、圆盘耙、镇压器等进行，深度一般为10厘米左右，过深时土壤中的秸秆翻出较多，过浅时达不到平整和碎土效果。

（6）保证混埋质量　旋耕机混埋的作业深度应在15～20厘米，通过切、混、埋把秸秆进一步切碎并与土壤充分混合，埋入土中。旋耕一遍效果达不到要求，地表还有较多秸秆时，应二次旋耕。旋耕后一般可以直接播种，不需要再进行整地作业。

2. 整秆翻埋还田

（1）秸秆要顺垄铺放整齐　为了保证翻埋质量，玉米秸秆长度方向必须与犁耕方向一致，铺放均匀。

（2）提高翻埋质量　犁耕深度要在30厘米以上，通过翻、压、盖，把秸秆盖严盖实，消除因秸秆造成的土壤棚架。耕作太浅时，作物秸秆覆盖不严，影响播种质量。

（3）保证整地质量　土壤深耕后需要经过整地才能达到播种要求，整地多用旋耕机、圆盘耙、镇压器等进行，其深度一般为10～12厘米，过深时土壤中的秸秆翻出的较多，过浅时达不到平整和碎土效果。为避免土壤中秸秆棚架，一般应采用V形镇压器等进行专门的镇压作业。

3. 根茬翻埋还田

（1）合理确定根茬高度　根茬还田往往用在需要秸秆作为饲料、燃料或原料的地区，在这些地区，秸秆还田与其他用途经常出现矛盾，应协调好秸秆还田与其他用途的关系。饲料、燃料或原料是需要的，而且有直接经济效益。但是，应该认识到秸秆还田并不是可有可无，而是必须的，农业要持续发展，必须有一定数量的秸秆还田补充土壤有机质。根茬还田并不是一种理想的做法，而是一种协调的结果。有的地区，在进行秸秆做"三料"、根茬还回地里时，把根茬留得很低，甚至紧贴地表收割，结果根本起不到还田的作用。把一部分秸秆回到地里，短期看少了些用料，但长远看，土地肥沃了、生态环境好了，产量更高，秸秆更多，用料才能够充裕。从还田的需要出发，一般小麦秸秆留茬不得低于20厘米，玉米不得低于30厘米。秸秆还田机和联合收割机控制根茬高度的方法与碎秸秆翻埋还田相同。

（2）保证翻埋质量　犁耕深度要在22厘米以上，通过翻、压、盖，把秸秆盖严盖实，消除因秸秆造成的土壤棚架。土壤翻耕后需要经过整地，使地表平整、土壤细碎，必要时还需进行镇压，达到播种要求。整地多用旋耕机、圆盘耙、镇压器等进行，其深度一般为10厘米左右。

（3）保证混埋质量　旋耕机混埋的作业深度应在15厘米以上，通过切、混、翻转把秸秆与土壤充分混合，埋入土中。玉米根茬比较坚硬，有些地方先用缺口圆盘耙耙一遍，再进行旋耕，效果较好。旋耕后可以直接播种，一般不需要再整地。

（四）注意事项

（1）注意人身安全　秸秆还田机上有多组转速很高（每分钟1 000多转）的刀片或锤片，如果刀片松动或者破碎甩出来，安全防护罩又不完整，就可能危及人身安全。因此，操作者必须有合法的拖拉机驾驶资格，要认真阅读产品说明书，了解秸秆还田机操作规程、使用特点、注意事项后方可操作。

（2）作业前　要对地面及作物情况进行调查，平整地头的垄沟（避免万向节损坏），清除田间大石块（损坏刀片及伤人）；要检查秸秆还田机技术状态，刀片固定是否牢固，防护罩是否完整，可将动力与机具挂接、接合动力输出轴，慢速转动1～2分钟，检查刀片是否松动，是否有异常响声，与罩壳是否有刷蹭；调整秸秆还田机，保持机器左右水平和前后水平。

（3）作业中　起步前，将还田机提升到一定的高度，一般15～20厘米，由慢到快转动。注意机组四周是否有人，确认无人时，发出起步信号，挂上工作档，缓缓松开离合器，操纵拖拉机或联合收割机调节手柄，使机器在前进中逐步降到所要求的留茬高度，然后加足油门，开始正常作业。及时清理缠草，清除缠草或排除故障必须停机进行。作业中有异常响声时，应停车检查，排除故障后方可继续作业。严禁在机具运转情况下检查机具。作业时严禁带负荷转弯或倒退，严禁靠近或跟踪机器，以免抛出的杂物伤人。转移地块时，必须停止刀轴旋转。

（4）作业后　及时清除刀片护罩内壁和侧板内壁上的泥土层，以防增大负荷和加剧刀片磨损。刀片磨损必须更换时，要注意保持刀轴的平衡。个别更换时要尽量对称更换，大量更换时要将刀片按重量分级，同一重量的刀片才可装在同一根轴上，保持机具动平衡。

（5）秸秆还田是否多施氮肥的问题　秸秆腐解过程中要消耗氮素，然而腐解后又会释放氮素。因此，如土壤较肥，或已经施用氮素化肥，可不必再增施氮肥。但如土壤比较贫瘠，开始实施秸秆还田的头 1～2 年，增施适量氮肥，加快秸秆腐解，防止与后茬作物争肥的矛盾，还是比较有效的。

（6）旋耕混埋作业早进行　用旋耕混埋还田作业需要在播种前一周进行，使土壤有回实的时间，提高播种质量。水田区的稻秆或麦秆要用水泡田，将秸秆和土壤泡软，再进行混埋。

（五）适宜区域

（1）碎秸秆翻埋还田　重点在秸秆产量高、焚烧严重的一年两熟小麦、玉米区，一年两熟水稻、小麦（油菜）区，东北玉米区等区域。拥有大中型拖拉机和铧式犁的地方，可以采用铧式犁翻埋，作业成本虽然较高，但秸秆翻埋质量好。拥有中小型拖拉机和旋耕机的地方，可以采用旋耕机混埋，作业成本较低，但秸秆翻埋质量相对差一些。

（2）根茬翻埋还田　适合于需要用秸秆作饲料、燃料或原料的地区，主要为北方农牧交错区、南方麦稻两熟区，以及养牛集中的农区等。

（六）典型案例

案例1：《农业工程学报》2001年第6期刊登，杨志平等通过5年的对比试验得出，旱地春玉米秸秆翻埋还田比不还田增产6.5%～8.7%，土壤有机质年增加0.039%。

案例2：山东某区和村镇董家庄村试验田测定，连续六年玉米秸秆还田，土壤的保水、透气和保温能力增强，吸水率提高10倍，地温提高1～2℃，氮、磷、钾含量增加，玉米螟危害程度下降30%，玉米平均增产10%～20%。

案例3：山东省济宁市任城区农业机械管理局测定：秸秆还田使土壤耕性变好，土壤孔隙度增加 4% 左右，容重降低 0.03～0.09 克/厘米^3，土壤含水量增加1%～3%。秸秆还田后作物普遍增产，第一季作物平均增产5%～8%，第二季后平均增产4%。

三、秸秆旋耕混埋还田技术

（一）技术原理与应用

秸秆旋耕混埋还田技术，就是用秸秆切碎机械将摘穗后的玉米、小麦、水稻等农作物秸秆就地粉碎，均匀地抛撒在地表，随即采用旋耕设备耕翻入土，使秸秆与表层土壤充分混均，并在土壤中腐烂分解，达到改善土壤结构、增加有机质含量、促进农作物持续增产的一项农机化适用技术。秸秆机械化旋耕混埋还田较传统的沤制还田省去了割、捆、运、铡、沤、翻、送、撒等多道工序，可以大大提高工效，减轻劳动强度，争抢农时，具有很好的社会效益和经济效益。

（二）技术流程

秸秆机械旋耕混埋还田可分为水田秸秆机械旋耕混埋还田和旱地秸秆机械旋耕混埋还田，其中水田主要农作物有水稻、小麦、油菜等，旱田主要农作物有玉米、小麦、大豆等。

1. 水稻—小麦（油菜）轮作秸秆还田技术

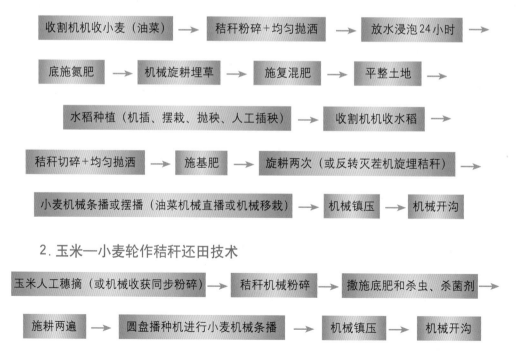

收割机机收小麦（油菜）→ 秸秆粉碎+均匀抛洒 → 放水浸泡24小时 →

底施氮肥 → 机械旋耕埋草 → 施复混肥 → 平整土地 →

水稻种植（机插、摆栽、抛秧、人工插秧）→ 收割机机收水稻 →

秸秆切碎+均匀抛洒 → 施基肥 → 旋耕两次（或反转灭茬机旋埋秸秆）→

小麦机械条播或摆播（油菜机械直播或机械移栽）→ 机械镇压 → 机械开沟

2. 玉米—小麦轮作秸秆还田技术

玉米人工穗摘（或机械收获同步粉碎）→ 秸秆机械粉碎 → 撒施底肥和杀虫、杀菌剂 →

施耕两遍 → 圆盘播种机进行小麦机械条播 → 机械镇压 → 机械开沟

→ 收割机机收小麦 → 秸秆粉碎+均匀抛洒 →

施底肥 → 玉米机械播种 → 镇压 → 机械开沟

（三）设备选型、工艺参数

秸秆旋耕混埋还田相关机械主要包括：①小麦（油菜）收割机、水稻收割机、玉米收割机；②秸秆切碎+铺撒装置；③秸秆还田机、秸秆粉碎机；④反转灭茬机、旋耕机、重型圆盘耙；⑤小麦施肥播种一体机、玉米精量播种机、水稻插秧机、油菜移栽机或直播机；⑥镇压机；⑦开沟机等。

小麦、油菜秸秆还田机械化作业模式部分相关机械及配套参数

轮作方式	机具名称	型号	工作参数	配套动力	备注	产地
小麦（油菜）—水稻	小麦收割机	雷沃谷神GN70	割幅4.57米，喂入量7千克	160马力*	自走式	山东
		沃得DC60	割幅4.57米，喂入量6千克	140马力	自走式	江苏
		约翰迪尔C100	割幅4.57米，喂入量6千克	140马力	自走式	黑龙江
	秸秆切抛装置	金湖华伟	纵轴流系列	收割机动力	悬挂式	江苏
	油菜收割机	星光至尊4LZY-2.0S型	工作幅宽2米，喂入量2千克	75马力	自走式	浙江
		碧浪4LZ(Y)-1.8	工作幅宽2.18米，喂入量2.5千克	≥75马力	自走式	浙江
		柳林4LYZ-1.2	割幅2.3米，喂入量≥4.32千克/秒	≥70马力	自走式	浙江
	旋耕机	云港1GKND-300	耕幅2.4米，耕深15~20厘米	80马力	悬挂式	江苏
		中天龙舟1GQNZ-180	耕幅1.8米，耕深12~20厘米	55马力	履带自走式	湖南
		1BPSQ-300旋耕耙浆平地机	耕幅1.2米，耕深16厘米	70马力	悬挂式	吉林

（续）

轮作方式	机具名称	型　号	工作参数	配套动力	备注	产地
小麦（油菜）—水稻	水稻插秧机	谷王2ZGQ-6	乘坐式，工作6行，行距30厘米	20马力	自走式	安徽
		洋马VP6	乘坐式，工作6行，行距30厘米	10马力	自走式	江苏
		久保田NSD8	乘坐式，工作8行，行距30厘米	21马力	自走式	江苏
		井关PZ60	乘坐式，工作6行，行距30厘米	16马力	自走式	江苏
	水稻摆栽机	2ZB-6(RX-60AM)	乘坐式，幅宽1.89米，行数6行	8马力	自走式	江苏
		2ZCY-430型半钵苗插秧机	工作4行，行距30厘米	3.5马力	手扶式	吉林

* 马力为非法定计量单位，1马力≈735.5瓦。

水稻秸秆还田机械化作业模式部分相关机械及配套参数

轮作方式	机具名称	型　号	工作参数	配套动力	备注	产地
水稻—小麦（油菜）	水稻收割机	久保田PRO888GM	工作5行，幅宽1.72米	88马力	自走式\半喂入	江苏
		洋马AG600	工作4行，幅宽1.4米	60马力	自走式\半喂入	江苏
		常发锋陵4LB-150	工作4行，幅宽1.5米	65马力	自走式\半喂入	江苏
		久保田PRO688Q	工作幅宽2米，喂入量2.5千克	68马力	自走式\全喂入	江苏
		洋马AW70(4LZ-2.5)	工作幅宽2米，喂入量2.5千克	70马力	自走式\全喂入	江苏
	反转灭茬机	1GFM-250	耕幅3米，耕深25厘米	85~100马力	悬挂式	江苏
		1GKF-200	耕幅2米，耕深20厘米	70~90马力	悬挂式	江苏

（续）

轮作方式	机具名称	型　号	工作参数	配套动力	备注	产地
水稻—小麦（油菜）	小麦播种机	亚澳SGTNB-220Z5/9	耕幅2.2米，工作9行，配备旋耕、播种、施肥、镇压、掏草刀装置	65～80马力	牵引式	陕西
		农哈哈2BXF-16机	作业16行，行距22厘米；配备圆盘式开沟器、覆土器、镇压器	30～50马力	悬挂式	河北
		小麦摆播机	作业幅宽1.2米，均匀摆播	15马力	悬挂式	江苏
	油菜移栽机	富来威2ZQ-4	幅宽1.6米，作业4行	20～50马力	牵引式	江苏
		2ZL-4型链夹式移栽机	作业幅宽1.5～3米，作业4行	50马力	牵引式	江苏
	油菜直播机	云马2BF-4Y	幅宽1米，作业4行	17马力	悬挂式	江苏
		丹凤2BGY-4	幅宽1.2米，作业4行，窝眼式排种	15马力	悬挂式	江苏
	镇压器	麦田镇压器	作业幅宽1.5米	15～20马力	自走式	江苏
	开沟机	振云1KH-35	耕深28～35厘米	50～100马力	悬挂式	江苏
		民安开沟机	前置式，沟深13～18厘米	12～22马力	悬挂式	江苏

玉米秸秆还田机械化作业模式部分相关机械及配套参数

轮作方式	机具名称	型　号	工作参数	配套动力	备注	产地
玉米—小麦	玉米收割机	福田雷沃谷神CB03(4YZ-3)	工作幅宽2米，工作3行，行距68厘米；中置还田机	110马力	自走式	山东
		久保田PRO-106Y	工作幅宽2.4米，工作3行，行距60～80厘米；中置还田机	105马力	自走式	江苏
		牧神4YZB-4	工作幅宽2.68米，工作4行，行距40～75厘米；中置秸秆还田机	110马力	自走式	新疆
		东方红4YZ-4(7300)	工作幅宽2.4米，不对行；中置秸秆粉碎还田机	110马力	自走式	河南
		美迪4YW-3背负式	工作幅宽2米，工作3行，行距55厘米；后置秸秆粉碎机	>50马力	自走式	河北

（续）

轮作方式	机具名称	型　号	工作参数	配套动力	备注	产地
玉米—小麦	秸秆粉碎还田机	开元王1JQ-172	工作幅宽1.72米，甩刀46把或直刀102片	60～70马力	悬挂式	河北
		玉丰之王4JGH-1.8	工作幅宽1.8米，锤爪式、刀式	60～90马力	悬挂式	山东
		豪丰4J-250(B)	工作幅宽2.5米，锤爪式	90～100马力	悬挂式	河南
		格兰FX320秸秆还田机	工作幅宽3.2米，配通用型短刀、通用型长刀、飞锤刀片	120马力	悬挂式	国外
		德沃1JH-280秸秆粉碎还田机	工作幅宽2.8米，锤爪式	≥80马力	悬挂式	黑龙江
		农哈哈1JHY-150秸秆还田机	工作幅宽1.5米，锤爪，甩刀，弯刀	65马力	悬挂式	河北
	圆盘耙	沭河1BJ-3.0	工作幅宽3米，作业深度14厘米	120～140马力	悬挂式	山东
	旋耕机	亚澳1GKNBM—220	耕幅2.2米，耕深8～18厘米	80～100马力	悬挂式	陕西
		圣和开元王1GQN-230	耕幅2.3米，耕深12～18厘米	80～90马力	悬挂式	河北
		东方红1GQN-230KD	耕幅2.3米，耕深12～16厘米	80～90马力	悬挂式	河南
	玉米精量播种机	海轮王2BJG-3	铧式播种开沟器、铲式施肥开沟器、圆盘覆土器，3行，行距60～65厘米	≥25马力	牵引式	黑龙江
		马斯奇奥MT系列	配置播种、施肥、镇压系统，6行，行距45～75厘米	100马力	牵引式	山东
		雷沃12行精量免耕施肥播种机	可监近控播种情况、堵塞、漏播现象，并可实现GPS自动驾驶	180马力	牵引式	山东

（四）技术操作要点

总体而言，秸秆旋耕混埋还田技术要达到"粉得碎、撒得匀、混得均、埋得深"的要求。

1.机械收获

作物收获时，采用安装有秸秆切碎装置的联合收割机，在进行收获作业的同时，同步进行秸秆切碎和抛洒，要求秸秆粉碎长度小于8厘米。若联合收割机上没有安装秸秆切碎装置，则需用秸秆粉碎机再次进地把收获后落于地面的秸秆切碎并抛撒开。

配备秸秆切碎装置的收割机田间作业效果

2. 秸秆灭茬

秸秆灭茬时，采用大、中型旋耕机械进行整地作业，旋耕深度>12厘米。为使秸秆与肥、土混拌均匀，采用反转灭茬机作业一遍效果较好，或正转灭茬机旋耕两次，沿江高沙土地区可采用正转灭茬机进行作业。同时精细整地，达到土碎地平，为作物播种或移栽创造条件。

反转灭茬机田间作业效果

3.适时秸秆还田

秸秆还田时间要适当，适度湿润且有良好的通气条件才能促进秸秆腐解。一般在农作物收割后应立即进行秸秆还田，避免秸秆水分损失致使不易腐解。如玉米在不影响产量的情况下，应及时摘穗，趁秸秆青绿、含水率30%以上时粉碎旋埋。秸秆腐解的土壤水分含量应掌握在田间持水量的60%时为适合，若土壤水分不足，应及时灌溉补水，以促进秸秆腐解，释放养分，供作物吸收。

4.施肥

秸秆还田初期往往会发生微生物与农作物争夺速效养分的现象，使农作物黄苗不发，如玉米秸秆腐解所需的碳、氮、磷的比例约为100∶4∶1。因此，要秸秆还田的同时应补施一定量的氮肥和磷肥，促进秸秆腐烂分解。一般每亩还田500千克秸秆时，需补施4.5千克纯氮（N）和1.5千克纯磷（P_2O_5）。

（五）注意事项

由于轮作制度不同，应针对秸秆还田后出现的问题，选择适宜的机械，配套适宜不同作物种植的栽培技术，促进作物生长发育，达到高产、稳产的目标。

（1）玉米秸秆还田后使土壤中的作物纤维增加，为保证下茬小麦播种质量，应采用双圆盘开沟器播种机，其优点是靠圆盘刃滚切土壤和残留在土壤浅层的秸秆，避免秸秆堵塞开沟器，而出现田间缺苗断垄的现象。玉米秸秆在土壤中腐解时需水量较大，因此要适时浇好封冻水，春季要适时早浇头水，促进秸秆腐解，防止与苗争水，保证作物正常发育。

（2）稻茬麦（油菜）播种方式应根据土壤境内情和整地质量进行选择，墒情适宜且整地质量好的地区可选用机条播，并适度加大行距；土壤墒情和整地质量较差的地方应大力推广机械匀播技术。同时在水稻秸秆大量还田后，也会造成土壤透风失墒严重、小麦（油菜）根系发育不良、冬春冻害死苗严重等现象。因此，秸秆混埋条件下小麦（油菜）播种后，采用麦田镇压器工作一次进一步压实土壤，可避免麦苗（油菜）架空和根部漏风状况，有利于增加出苗率和提高产量。机开沟应在土壤墒情适宜的条件下进行，土壤含水量过高，不利沟泥匀散，且因机轮深陷毁坏田面，影响出苗。

（3）水田小麦秸秆均匀摊铺、施入基肥后，要及时放水泡田，浸泡时间以泡软秸秆、泡透耕作层为度。一般浸泡12小时秸秆软化，壤土地浸泡24小时，黏土地浸泡36～48小时。选用新型机械正旋埋草、带水旋耕，一方面有利于减轻机械负荷和动力消耗，另一方面也提高了旋耕埋草田面的平整度。作业时采取横竖两遍作业，同时严格控制水层，以田面高处见墩、低处有水，作业时不起浪为度，防止秸秆飘浮，影响压草整地效果。秧苗栽插方式可以选用抛秧、钵苗摆栽、手工栽插、机插秧等方式。秧苗返青后要干干湿湿，浅水勤灌，适时烤田，防止还原性有害物质过多积累而造成水稻僵苗不发。

（六）适宜区域

此项技术适宜于长江中下游一年两熟制的水稻—小麦轮作区、水稻—油菜轮作区，如江苏、安徽、湖北、四川、浙江、江西等部分地区；华北平原一年两熟制的小麦—玉米轮作区，如河南、河北、山东、山西等部分地区。

（七）典型案例

案例1：水稻秸秆旋耕混埋还田＋小麦种植

江苏省农业科学院农业资源与环境研究所针对稻麦两熟区轮作制度，深入分析秸秆还田存在技术问题和农艺问题，通过系统研究、筛选，研制了秸秆粉碎匀铺装置、小麦均匀摆播机、麦田镇压器，并通过试验筛选了适合秸秆还田的反转灭茬机和开沟机械，提出了水稻秸秆全量还田小麦高产栽培技术，解决了秸秆相对集中、秸秆还田后土壤透风失墒、出苗不均、小麦根系发育不良、冬春冻害死苗严重等一系列问题，产量较同类型麦田提高15%。

收割＋碎草＋匀铺

反转灭茬整地

机械均匀摆播

全苗壮苗、长势均匀

机械开沟

机械镇压

水稻秸秆旋耕混埋还田＋小麦种植流程图

案例2：小麦秸秆旋耕混埋还田＋水稻种植

南方稻麦两轮区夏季麦草秸秆还田过程中，常出现秧苗栽插困难，或水稻手栽、机栽、抛栽后易乇棵，前期苗黄、分蘖缓慢等问题。出现这些问题的主要原因是秸秆还田质量不高、综合配套技术不够所致。通过机械配套作业提高还田质量（碎草摊铺、放水泡田、带水整地）、底施氮肥调节土壤碳氮比、间歇灌溉调节土壤氧化还原状况等田间实践，解决了传统秸秆还田整地难度大、栽秧易乇棵、刺手等问题，而且大大节约了劳力的使用和劳动强度。

泡田24~72小时

收割＋碎草＋匀铺

机械插秧

燕尾刀打浆机作业

小麦秸秆旋耕还田＋水稻种植流程图

四、秸秆快速腐熟还田技术

（一）技术原理与应用

秸秆主要成分为纤维素、半纤维素及木质素等，在自然状态下很难被降解。秸秆快速腐熟还田技术是通过接种外源有机物料腐解微生物菌剂，充分利用腐熟剂中大量木质纤维降解菌，快速降解秸秆木质纤维物质，最终在适宜的营养、温度、湿度、通气量和pH条件下，将秸秆分解矿化成为简单的有机质、腐殖质以及矿物养分。目前秸秆快速腐解还田技术主要是指在秸秆直接还田时接种有机物料快速腐解微生物菌剂，促进还田秸秆快速腐解。添加秸秆腐熟剂加快秸秆分解，可减少因大量秸秆还田给后续耕作播种或移栽等作业带来的困难，同时也可以减轻对后茬作物生长的不利影响，是一项秸秆全量还田的关键技术。对增加土壤养分，改善土壤理化性状，降低化肥施用量，减少面源污染，保护生态环境，均具有重要意义。

（二）技术流程

第一种流程：

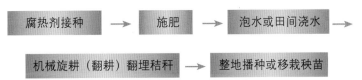

第二种流程：将液体腐熟剂喷撒装置安装或固定在带秸秆粉碎抛撒功能的联合收割机尾部机身上，收割机作业同时，将腐熟剂直接接种到粉碎的秸秆上作业。

腐热剂接种 → 施肥 → 泡水或田间浇水 →

机械旋耕（翻耕）翻埋秸秆 → 整地播种或移栽秧苗

对秸秆快速腐熟的处理方式可用于：水稻免耕抛秧时覆盖秸秆的快速腐熟还田技术；小麦、油菜等作物免耕撒播时覆盖秸秆的快速腐熟还田技术；马铃薯免耕稻草覆盖栽培技术。对马铃薯免耕播种时覆盖的稻草一般不进行快腐处理。

1. 水稻免耕抛秧时覆盖秸秆的快速腐熟还田技术

栽秧水稻免耕抛秧时，用于覆盖还田的秸秆主要有麦秸、油菜秆、前茬稻草、马铃薯秧等。快腐处理方法：在小麦、油菜等作物收获后，除去田间杂草，适当平整田面，及时将收下的作物秸秆均匀平铺全田，撒施腐秆灵30千克/公顷或具有同等效力的其他催腐剂产品，灌深水泡田；然后施肥；7～10天后，秸秆下沉，田水回落至5～7厘米深，即可开始抛秧。在水稻生长期间，麦秸和油菜秆逐渐腐烂；待水稻成熟时，麦秸和油菜秆也完全腐烂了。

水稻免耕抛秧时秸秆覆盖的快速腐熟还田

2.小麦、油菜等作物免耕撒播时覆盖稻草的快速腐熟还田技术

小麦、油菜等作物免耕撒播时，用于覆盖还田的秸秆主要是稻草，对其进行快腐处理的一般方法为：水稻收获后将田块按4～6米的宽度开厢，沟宽和沟深分别为20～30厘米，开沟泥土均匀撒至厢面，并平整厢面；将本田的全部稻草均匀铺于厢面，同时施腐秆灵30千克/公顷或具有同等效力的其他催腐剂产品，然后即可适时撒播小麦或油菜等农作物。

3.马铃薯免耕稻草覆盖栽培技术

马铃薯免耕稻草覆盖栽培技术是广西、四川等省份近年来大力推广应用的一项全新的马铃薯种植方式。该技术是指在水稻等前茬作物收获后，对田块不经翻耕犁耙，直接开沟成畦，将薯种摆放在畦面上，用稻草等秸秆全程覆盖，配套相应的施肥、灌溉等管理措施，直至收获的一项轻型高产高效栽培技术。该技术具有操作简便、省工省力；高效利用秸秆资源、肥田养地；抢时上市、商品率高；稳产高产、节本增效；投资省、见效快等技术优势。

小麦、油菜等作物免耕撒播时覆盖稻草的快速腐熟还田

马铃薯免耕栽培稻草覆盖技术

（三）技术操作要点

1.有效菌种的筛选及菌剂的生产

秸秆的降解是多种酶系协同作用的结果。单菌种由于不能分泌全部的降解酶系，很难达到对秸秆的完全降解。多种菌种组合通过增加微生物的种类，利用他们之间的协调和互补作用，可以实现秸秆腐解剂的高效稳定。目前国内的研究机构与生产企业也主要采用含有效微生物菌种两种或两种以上复合菌剂为其生产工艺。

一般复合菌剂的构建方法是通过分离纯化及驯化，得到多种秸秆降解能力较强的天然的单菌株，再确定最佳生产工艺，然后根据需要挑选这些单菌株进行有效组配，以秸秆为唯一碳源进行限制性继代培养，得到秸秆降解率最高的菌种组合。在菌种筛选与腐熟剂产品制备时，要考虑秸秆直接还田与堆腐所处的环境条件不同，所筛选的有机物料腐熟菌种类要各有侧重，如用于秸秆直接

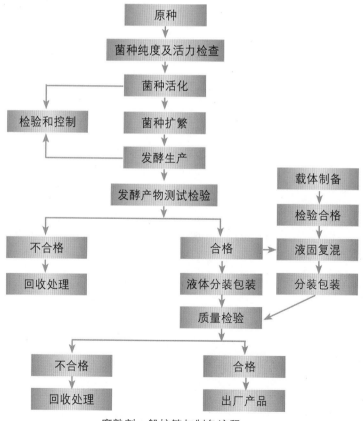

腐熟剂一般扩繁与制备流程

还田的微生物降解菌应以常温菌为主，用于田头路旁堆腐所用的菌种，应高温菌与常温菌结合，用于南方稻田的菌种应以兼气性为主等。

2.提高秸秆破碎程度

秸秆破碎程度影响腐熟剂施用后秸秆的降解进程，主要在于破碎程度较高的秸秆可以使得秸秆的部分细胞壁破损，纤维素原有坚韧的结构造成破坏，从而有利于秸秆的降解；另一方面，秸秆的粉碎，增加了秸秆的暴露面积，使得腐熟剂中的降解菌和秸秆接触机会更多，从而有利于腐熟剂中的有机物定殖和生长，继而发挥降解作用。无论秸秆直接还田还是堆腐还田，增加破碎程度均有利于加快秸秆的腐殖化进程，一般水稻、小麦、油菜秸秆破碎长度应小于10厘米，玉米秸秆应粉碎使其长度小于5厘米。

3.控制堆腐秸秆pH

pH是影响微生物生长繁殖的重要影响因素，适宜的pH可使微生物有效地发挥作用，大多微生物活动的最佳pH范围为5.5～7.5，而真菌的最佳适应pH范围为5.5～8.5。pH除了对微生物的生长有影响外，还通过影响微生物的产酶特性和酶活进而对秸秆的分解利用产生影响。秸秆还田田块过酸或过碱均不利于秸秆腐解。在秸秆堆腐时可增加适量的碱性物质如石灰等调节堆料的pH。

4.合适的水分

水分是影响秸秆腐熟过程的一个重要因素。水分过少会影响微生物的生命活动，一般认为低于40%的水分含量就不能满足微生物正常生长繁殖的需要，进而会影响微生物对秸秆等有机物的利用。如果水分低于10%，微生物的代谢活动就几乎处于停滞状态，但是水分过多，会降低通风透氧的效果，影响微生物的生长活动。总之，土壤中的水分过多或过少都不利于秸秆的分解，一般认为土壤含水量在田间持水量的60%～70%时，较适合于秸秆的分解，同时堆腐时保持堆料的含量率在60%～70%也有利于秸秆堆腐进程。

5.调控温度

温度是秸秆腐熟过程中影响微生物活动的重要参数，所有微生物都有各自不同的最适和受抑的生长温度、产酶温度以及酶活最佳温度。温度过低，微生物代谢水平低，对有机物的利用水平也低，从而导致对有机物的腐解速度慢；温度过高，也会产生抑制作用，一般认为，温度达到70℃后，微生物呈钝化状态，有机物分解速度大大下降。秸秆还田后，一般田间温度会在7～37℃范围内，秸秆的分解速度随温度升高而加快，一般温度在20～30℃时微生物对秸秆分解速度最快，小于10℃时分解能力较弱，高于50℃则基本停止对秸秆的分解。因此，在应用腐熟剂时，要根据天气情况，避免过低和过高温度时期，根据外界温度选择合理的使用时间。

6. 调控合适的碳氮比

秸秆腐熟的最终效果取决于微生物的代谢生长水平，而微生物在代谢过程受营养物质碳源和氮源的影响。微生物细胞通常的碳氮比为（8～12）：1，微生物由于生长需要，利用大量碳源的同时需要相应的氮源来配合，会吸收土壤中的速效氮素，与农作物争夺氮素，使幼苗发黄，生长缓慢，不利于培育壮苗。农作物秸秆碳氮比较高，玉米秸秆为53：1，小麦秸秆则达到87：1。过高的碳氮比在秸秆腐烂过程中会出现反硝化作用，一般秸秆直接还田后，适宜秸秆腐烂的碳氮比为（20～25）：1，需要通过尿素等氮肥的施用来调节碳氮比，碳氮比值小的秸秆相对容易分解，前期分解启动快。对于稻麦油秸秆全量还田时，在原来施肥量基础上，应额外增加3～5千克/亩尿素，或将后期施氮量前移。

（四）注意事项

（1）腐熟剂适用于还田的大田作物秸秆，不适用于易引起连作障碍的蔬菜秸秆等还田使用。

（2）腐熟剂施用后应避免长时间晴天暴晒，同时也不能与大量化肥和杀菌剂混施，腐熟剂需置于阴凉、干燥处保存。使用时应尽量选择阴天或早上或黄昏，避免阳光紫外线照射菌种。

（3）根据腐熟剂剂型采用不同施用方法。腐熟剂如果为水剂，则可在灌溉时进行勾兑直接进入农田，也可以通过专用喷洒车或人工喷雾器喷淋到秸秆上后再翻埋秸秆；腐熟剂若为粉剂或颗粒态，最好把腐熟剂兑在水中喷洒在秸秆上，也可以将腐熟剂直接均匀地撒在秸秆上，然后把腐熟剂和秸秆混拌均匀后施入农田。腐熟剂用于秸秆堆腐时，无论何种剂型，则均需与秸秆混合均匀或分层施用。

（五）适宜区域

此项技术适用于全国大多数区域，其中秸秆接种腐熟剂直接还田技术适宜于大田作物秸秆产生量大、茬口紧张的两熟以上区域，不适合于干旱、土壤墒情较差的西北地区以及寒冷地区；而秸秆接种腐熟剂堆腐还田技术适用于气温适宜的区域或寒冷地区的春夏季。

（六）典型案例

南京宁粮生物工程有限公司在南京市溧水县柘塘镇共和村开展了"宁粮"牌有机物料腐熟剂田间应用效果试验，试验结果表明施用秸秆腐熟剂后，小麦秸秆软化时间提前7天，腐烂时间提前5天（以秸秆颜色变化表征），40天后施用腐熟剂后的小麦秸秆抗拉强度由26牛/毫米^{2}降至7.9牛/毫米^2，对照中秸秆抗拉强度由26牛/毫米^{2}降至10.2牛/毫米^2，使用腐熟剂处理比不使用腐熟剂处理水稻产量增加3.97%，其产量达到643.55千克/亩，增产效果显著。

腐熟剂田间应用

五、秸秆生物反应堆技术

（一）技术原理与应用

秸秆生物反应堆技术是一种高效的秸秆还田方式。是将秸秆埋置于农作物行间、垄下（内置式）或堆置于温室一端（外置式），秸秆在微生物菌、催化剂、净化剂等的作用下，定向转化成植物生长所需的二氧化碳、热量、有机和无机养料等，同时通过接种植物疫苗，提高作物抗病虫能力，减轻或减缓病虫危害。该项技术可用于日光温室、大棚等设施瓜菜、果树栽培，以及露地园艺作物和中药材等栽培。

该技术是不用化肥能高产、优质和早熟，秸秆替代化肥；不用农药不得病少得病，用生防孢子、酶和植物疫苗替代农药；将前者秸秆资源循环利用与后者生物防治及植物免疫有机结合于一体工艺技术，具备资源丰富，成本低，周期短，易操作，收益高，综合技术效应巨大，环保效应显著的优点。具资源丰富，成本低，周期短，易操作，收益高，综合技术效应巨大，环保效应显著等特点。

秸秆生物反应堆设施组成：由建筑材料、秸秆、辅料、菌种、植物疫苗、交换机、二氧化碳微孔输送带等组成。目前各地普遍采用的秸秆生物反应堆技术有三种：内置式、外置式和内外结合式。

（二）技术流程

1. 内置式秸秆生物反应堆

内置式秸秆生物反应堆就是人或机器在地下开沟或挖坑，将秸秆、菌种、疫苗等反应物按要求分别埋入每个地沟或地坑中，浇水，打孔使其反应产生二氧化碳，增加地温、抗病孢子、生物酶、有机和无机养料的秸秆生物反应堆。它是依据植物叶片主动吸收原理研制出来的设施装置。内置式秸秆生物反应堆，根据应用位置和时间的不同又分：行下内置式、行间内置式、追施内置式和树下内置式4种。内置式特点：用工集中，一次性投入长期使用，地温效应大，土壤通气好，有利于根系生长，二氧化碳释放缓慢，不受电力限制，可控性差，在农村适用范围广。技术关键：常打孔，一般增产30%以上。

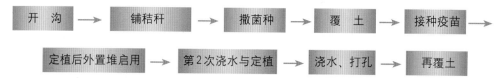

具体流程：在地下开沟或挖坑，将秸秆、菌种、疫苗等反应物按要求分别埋入每个地沟或地坑中，浇水、打孔，使其反应产生二氧化碳，增加地温、抗病孢子、生物酶、有机和无机养料的秸秆生物反应堆技术，称之为内置式秸秆生物反应堆。它是依据植物叶片主动吸收原理研制出来的设施装置。内置式秸秆生物反应堆，根据应用位置和时间的不同，又可分为：行下内置式、行间内置式、追施内置式和树下内置式四种。内置式生物反应堆的特点：用工集中，一次性投入长期使用，地温效应大，土壤通气好，有利根系生长，二氧化碳释放缓慢，不受电力限制，在农村适用范围广。但可控性差。技术关键：常打孔。一般增产30%以上。

内置式秸秆生物反应堆

2. 外置式秸秆生物反应堆

外置式秸秆生物反应堆就是地下挖坑或挖沟建造贮气池二氧化碳，池上放箅子做隔离层，按要求加入秸秆、菌种等反应物，喷水、盖膜，按机抽气，加速循环反应的秸秆生物反应堆。它是依据植物叶片被动吸收原理研制出来的设施装置。外置式特点：操作灵活，可控性强，造气量大，供气浓度高，二氧化碳效应突出，见效快，加料方便，不足之处是必须有电力供应的地方才能利用。技术关键：不分阴晴天，坚持开机不间断，一般增产50%以上。

挖　沟　→　砌　垒　→　水泥抹面打底　→　摆放水泥杆　→

固定竹片做隔离层　→　堆置秸秆　→　接　种　→　密　封

具体流程：在地下挖坑或挖沟建造二氧化碳贮气池，池上放箅子做隔离层，按要求加入秸秆、菌种等反应物，喷水、盖膜，按机抽气，加速循环反应的秸秆生物反应堆技术，简称外置式秸秆生物反应堆。它是依据植物叶片被动吸收原理研制出来的设施装置。外置式特点：操作灵活，可控性强，造气量大，供气浓度高，二氧化碳效应突出，见效快，加料方便。不足之处是必须有电力供应的地方才能利用。技术关键：不分阴晴天，坚持开机不间断。一般增产50%以上。

标准外置式秸秆生物反应堆

3. 内外结合式秸秆生物反应堆

指在同一块土地上，内置式和外置式同时使用的秸秆生物反应堆技术。内外结合式秸秆生物反应堆兼具内置式与外置式两者优点，克服了两者的不足，标准化使用增产1倍以上，在秸秆丰富、有电力供应的地方，最好采用此种反应堆。

内外结合式秸秆生物反应堆

（三）技术操作要点

1. 做堆前的菌种、疫苗处理

（1）疫苗（菌种）用量　根据作物种类不同，其用量也有一定区别。亩用量大棚瓜、菜：4～5千克，草莓、人参、三七、桔梗：5～6千克，果树：3～4千克。

（2）处理配方　①1千克疫苗，20千克麦麸，20千克饼肥（豆饼、菜籽饼、棉饼等），60千克秸秆粉（玉米秸、稻草、麦秸、豆秸等），160千克水，五种物料掺和拌匀；②1千克疫苗，20千克麦麸（或50千克饼肥），75千克秸秆粉，170千克水，四种物料掺和拌匀。以上两种配方可根据当地原料情况选择使用。

（3）堆积发酵放热处理　将按配方拌好的原料堆积成高50厘米的方形堆，并在上面按20厘米见方打孔，孔径为5厘米，孔深以见底为准，使其升温。房外处理需盖膜（不宜过严）保湿，房内不需盖膜；待堆温升至55℃时，及时

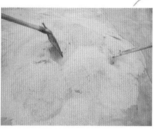

菌种（疫苗）与麦麸按1:20掺对，开包后及时埋入麦麸中，干拌混合均匀

按水：原料=1:1比例加水拌种

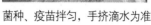

反复搅拌掺匀

菌种、疫苗拌匀，手挤滴水为准

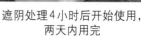

堆积、打孔、通氧激活

遮阴处理4小时后开始使用，两天内用完

翻堆，并掺入1倍大田细土，重新堆积打孔盖膜，当温度再次升至55℃时，开堆摊薄至10厘米厚，2天后即可使用。低温季节不必放热处理，只需堆积4～24小时就可接种。

（4）疫苗与反应堆的最佳结合方式　①高温季节疫苗接种配合使用外置式反应堆；②低温季节疫苗接种配合使用内外结合式反应堆。

2. 内置式秸秆生物反应堆的操作技术要点

（1）秸秆、菌种及辅料用量　可用秸秆种类：玉米秸、麦秸、稻草、稻糠、豆秸、花生秧、花生壳、谷秆、高粱秆、烟秆、向日葵秆、树叶、杂草、糖渣、菌糠和牛、羊粪便等。

1）行下内置式：每亩秸秆用量3 000～4 000千克、菌种8～10千克、麦麸160～200千克、饼肥80～100千克。

2）行间内置式：每亩秸秆用量2 500～3 000千克、菌种7～8千克、麦麸140～160千克、饼肥70～80千克，在秸秆资源充足的情况下，生育期长的作物可适当增加用量。

3）追施内置式：每亩秸秆粉（或食用菌废料）用量900～1 200千克、菌种3～4千克、麦麸60～80千克、玉米粉或饼肥80～100千克。

4）树下内置式：每亩秸秆用量2 000～3 000千克、菌种4～6千克、麦麸80～120千克、饼肥60～90千克。

5）菌种处理方法：使用前菌种必须进行处理。按1千克菌种掺20千克麦麸，加水20～22千克（有饼肥可掺入10～20千克，增加水15～30千克），混合拌匀，堆积发酵4～24小时就可使用。如当天使用不完，应摊放于室内或阴凉处，厚度8～10厘米，第2天继续使用，一般应在2～3天内用完。

6）肥料用量及要求：种植蔬菜、水果和豆科植物，可用牛、羊等草食动物粪便和饼肥，每亩用牛羊粪3～4米^{3}或饼肥100～150千克，与内置式反应堆结合施入沟中效果更佳。使用该技术禁用化肥和非草食动物鸡、猪及人等的粪便。研究证明：使用人及鸡、猪、鸭等非草食动物的粪便，会加速线虫繁殖与传播，导致植物发病；使用化肥会影响菌种活性，同时还会使土壤板结，加速病害的蔓延。

（2）应用方式的选择

1）行下内置式：在秋、冬、春三季，地处高海拔、高纬度、干旱、寒冷和无霜期短的地区，做反应堆时又有秸秆，均宜采用这种方式。此法一般在定植前15～20天进行。

2）行间内置式：高温季节或定植前无秸秆的区域宜采用此法。在定植播种后至开花结果前进行操作，植株矮时用整秸秆、植株高时用碎秸秆，以利于快速发酵和防止损伤蔬菜。

3）追施内置式：在作物生长的整个过程均可使用。将秸秆粉碎拌菌种堆积2天，像追施化肥一样穴施。

（3）内置式反应堆操作步骤　内置式反应堆建造应掌握四不宜原则：开沟不宜过深（20～25厘米）；秸秆、菌种量不宜过少（3 000～4 000千克秸秆）；覆土不宜过厚（25厘米）；打孔不宜过晚（浇水后及时打）。

● 行下内置式操作步骤：

1）开沟：宽60～80厘米，深20～25厘米，沟长与行长相等，挖出土壤等量分放沟两边。隔100～120厘米再开另一沟，依次进行。开沟可用人工，也可用开沟机。开沟机开沟速度快，质量高，成本低，每亩开沟2～3个小时即可完成。

2）铺秸秆：开完沟后，在沟内铺放秸秆（玉米秸、麦秸、稻草等），沟两头露出10厘米秸秆茬，以便进氧气。一般底部放整秸秆（玉米秸、高粱秸等），上部放碎秸秆（麦秸、稻草、玉米皮、杂草、树叶以及食用菌下脚料等）。铺完踏实后，厚度25～30厘米。只有一种秸秆，同样可用。

开　沟

铺秸秆

3）撒菌种：每沟用处理后的菌种6～7千克，均匀撒在秸秆上，并用锨轻拍一遍，使菌种与秸秆均匀接触。

4）覆土、接种疫苗：一是将沟两边的土回填于秸秆上，第一次覆土厚度为10厘米；二是接种疫苗，使疫苗均匀分布于垄面上，并用耙子耙一遍；三是将剩下的土回填于垄上，秸秆上覆土总厚度为20～25厘米，形成种植垄，并将垄面整平。

撒菌种

覆　土

接种疫苗

回填盖土

5）浇水：覆土后3～4天浇水，第1水浇足，以秸秆充分湿透为宜。隔3～4天再浇1次水，保证地势高的地方浇透。晾晒几天后及时覆土将垄面找平，使秸秆上土层保持20厘米厚。

6）打孔：找平后紧接着打孔，在垄上用12#钢筋打3行孔，行距25～30厘米，孔距20厘米，孔深以穿透秸秆层为准，以利进氧气发酵，促进秸秆转化，等待定植。

浇　水　　　　　　　　　　　　　打　孔

7）定植：定植时一般不浇大水，只浇小水，一棵一碗水。定植后随即再打一遍孔，隔3～5天浇1次透水。待能进地时抓紧再打一遍孔，以后每次打孔要与上一次的孔错位，生长前期每月打孔1～2次，中后期3～4次。

再次浇水　　　　　　　　　　　　定　植

● 行间内置式操作：待秸秆收获后在大行间（人行道上）做堆。离开苗15～20厘米，从一头开始挖土，深15～20厘米，宽60～80厘米，铺放秸秆20～25厘米厚，秸秆充足时可多放，沟两头露出秸秆10厘米。沟长7～8米，每沟用拌好的湿菌种6千克；沟长9米左右，每沟用菌种7千克，均匀撒在秸秆上，用铁锹拍一遍，土壤回填于秸秆上。堆上不浇水，小行内浇水，渗入秸秆堆。浇水后能进地时按30厘米一行、孔距20厘米1个，用12#钢筋打孔，孔深以穿透秸秆层为准。

● 追施内置式操作：做堆时没有秸秆或秸秆量不足，新秸秆收获后用粉碎机粉碎，按每亩菌种用量3千克、麦麸60千克、饼肥30千克、秸秆粉900千克、水2 000千克混合拌匀，堆积成高60厘米、宽100厘米的梯形堆升温，用直径5厘米的木棍在堆面上每平方米打孔9个，盖膜发酵。升温至45～50℃，开始追施。在大行两边，离开作物15～20厘米，每隔30厘米挖1穴，每穴填湿料1千克，随追随盖土，每穴打孔3～4个，4～5天就能看出明显效果。追施后7天内不浇水，一般作物在生育期追施2～3次。

（4）内置式反应堆的使用与管理

地膜覆盖：为了保证内置式反应堆通气性，地膜只盖小行，不盖大行。覆膜时间在小行封行时进行。方法是小行浇水沟上每隔60厘米横放1根长80厘米的玉米秆，在秆上覆地膜，膜下浇水，以减少棚内湿度。

用气：打孔是内置式反应堆增产的关键措施，只有打孔，二氧化碳气体才能逸出地面被叶片吸收。除定植前打孔外，每次浇水后都要打孔，前期每月打孔2～3次，中后期二氧化碳需要量大时，每月打孔3～4次。打孔能促进生长，增加产量。

用水：使用内置式反应堆浇水要注意：①水要浇足；②水要浇匀，定植时浇小水（一棵一碗），定植后4～7天浇3次水，3次水要浇透。此后，浇水次数比常规逐渐减少到1/2。深冬季节要晴天浇水，每天10～14时浇水为宜。当天浇不完，第2天继续进行。进入1、2月开始断水，只浇外置反应堆的反应液补充水分，以免浇水降温。低温阶段是否浇水，经验是以摘黄瓜有阻力时要浇水；3月初又恢复到比常规减少1～2倍，进入4月下旬与常规浇水相同。

用光：拉大行距，缩小株距，提高冬季光能利用。提高冬季光能利用措施有三：一是延长光照时间，早拉晚盖草帘子；二是经常扫除棚膜上的灰尘，保持棚膜清洁，增加光照强度。一个月用1：100洗衣粉与水的混合液托擦棚膜上面少结灰尘，擦膜下少结露；三是拉大行距，缩小株距，增加棚内作物中下部的透光度。越冬茬作物一般行株距配置，大行不能少于100～150厘米，小行不能少于60～80厘米，株距比常规缩小1/4～1/3，密度同常规或略低。番茄、黄瓜、辣椒、甜瓜、茄子和西葫芦大行距不少于120厘米，小行距不少于60厘米，株距可比常规缩小20%～30%；豆科植物（芸豆，豇豆）大行距不少于150厘米，小行距不少于50厘米，株距可比常规缩小20%～30%。

3.外置式秸秆生物反应堆的操作技术要点

（1）应用方式的选择与物料准备

标准外置式反应堆：为了能一次建造数年使用，提高外置式反应堆的效能，在有电力供应的种植区最好采用此方式。建堆流程见前述。

简易外置式反应堆：只需挖沟，铺设厚农膜，摆放木棍、小水泥杆、竹片或细竹竿做隔离层，砖、水泥砌垒通气道和交换机底座即可投入使用。特点是投资小、建造快，但农膜易破损，反应液易渗漏，通气道易堵塞，使用期短，平均年成本高。

标准外置式秸秆、菌种和辅料的用量：越冬茬作物每亩大棚第1次用秸秆1 500千克、菌种3千克、麦麸60千克；第2、第3次用秸秆2 000 ~ 2 500千克、菌种4 ~ 5千克、麦麸80 ~ 100千克；第4次用秸秆1 000千克、菌种2千克、麦麸40千克。这种标准用量可增产50%以上。

（2）标准外置式反应堆的建造

1）放线：在大棚山墙的内侧，离开山墙80 ~ 100厘米，南北两侧各留出80厘米，于南北方向画一条长6 ~ 7米、宽120 ~ 150厘米的贮气池灰线，接南北两侧东西灰线的中间各画一个长50厘米、宽30厘米回气道灰线，再从贮气池灰线中间向棚内画一条长150厘米、宽65厘米的通气道灰线。

画　线　　　　　　　　　　挖　沟

2）挖沟：先挖出气道和回气道，后挖贮气池。挖好的规格：出气道长150厘米×宽65厘米×深50厘米；回气道长50厘米×宽30厘米×深30厘米；贮气池长6 ~ 7米×口宽1.2 ~ 1.5米（底宽0.9 ~ 1.1米）×深1.2米。挖土分放四周。

3）先建出气道和交换机底座：出气道内径尺寸：长1.4米×宽0.4米×高0.4米，用砖、水泥、沙子砌垒，水泥打底、抹壁。硬化后出气道上盖一块长1米、宽1米的水泥板，末端0.4米×0.4米口上建一个高40厘米、上口内径为40厘米的里圆外方的交换机底座。建后将挖土分别盖于出气道上和交换机底座周围。

4）再建回气道：回气道内径尺寸：长0.5米×宽0.2米×高0.2米。单砖水泥砌垒或用管材替代，建后也将挖土回填道上。

5）后建贮气池：内径尺寸：长6～7米×深1.2～1.5米×上口宽1.2～1.5米（底宽0.9～1.1米）。先用砖、沙子和水泥砌垒沟四壁，沟上沿变为二四砖封顶，硬化后水泥抹面。最后用农膜铺底，膜上用沙子、水泥打底，待底硬化后在沟上沿每隔24厘米横排一根水泥杆（20厘米宽、10厘米厚），在水泥杆上每隔5厘米纵向固定一根竹竿或竹片，外置堆基础就建好了。

修建贮气池

6）上料接种：一般在育苗或定植前3～5天，及时备好秸秆、麦麸和菌种。上料方法：每铺放秸秆40～50厘米，撒一层菌种，铺放3～4层，上料撒完菌种后，盖一层秸秆。上料后先不浇水盖膜，及时开机向堆中循环供氧，促进菌种萌发。经2～3天待菌种萌发黏住秸秆后，再淋水浇湿秸秆，水量以下部沟中有一半积水时停止淋水，盖膜保湿（盖膜不宜过严）。第2天揭开膜，从堆下贮气池中抽液往堆上循环（菌种在水中因缺氧会死亡），连续循环3天，如池中水不足还要额外加水。最后把贮气池中反应液全部抽出浇地或对3倍水喷施植株叶片，有显著增产作用。

上料接种

外置式反应堆

7) 开机供气：开机前2～3天不挂气袋，以减少气袋中的湿度，此后再连接挂上气袋。外置反应堆进入正常使用管理，每隔6～7天向堆上补水1次。实践证明，从作物出苗至收获，任何阶段使用外置式反应堆均有增产作用，用的越早增产幅度越大。

（3）**外置式反应堆使用与管理**　外置式反应堆使用与管理概括为："三补"和"三用"。

补水：水是反应堆反应的重要条件之一。除建堆加水外，以后每隔6～7天向反应堆补1次水。如不及时补水会降低反应堆的效能，致使反应堆中途停止。

补气：氧气是反应堆产生二氧化碳的先决条件。随着反应的进行，反应堆越来越实，通气状况越来越差，反应就越慢。因此，堆上盖膜不宜过严，靠山墙处留出10厘米宽的缝隙；每隔15～20天揭膜1次，用木棍或钢筋打孔通气，每平方米5～6个孔。

补料：外置反应堆一般使用50天左右，秸秆消耗在60%以上，应及时补充秸秆和菌种。补料前用直径10厘米尖头木棍打孔通气，再加秸秆和菌种，浇水湿透后盖膜。第1次补料秸秆1 200～1 500千克、菌种3～4千克；第2次、第3次补料秸秆2 000～2 500千克、菌种4～5千克、麦麸80～100千克。一般越冬茬作物补料3次。

用气：上料加水当天要开机，作物生长期内不分阴天、晴天，坚持白天开机不间断。苗期每天开机5～6小时，开花期7～8小时，结果期每天10小时以上。研究表明：在充足二氧化碳供应下，可增产50%以上。尤其是11时至15时不停机，增产幅度更大。

用液：为使反应液不占用贮气池的空间，多存二氧化碳，以防液体中酶、孢子活性降低，每次补水池中的反应液应及时抽出使用。可结合每次田间浇水冲施，或按1份液对3份的水喷施植株和叶片，每月3～4次，增产明显。试验表明，反应液可增产20%～25%。

用渣：秸秆在反应堆中转化的同时，分解出大量的矿质元素，除溶解于反应液中，也积留在陈渣中。将外置式反应堆清理出的陈渣，收集堆积起来，盖膜继续腐烂成粉状物，在下茬育苗、定植时作为基质配合疫苗穴施或普施，不仅替代了化肥，而且对苗期生长、防治病虫害有显著作用。试验表明，反应堆陈渣可增产15%～20%。

（4）田间管理与注意事项

草帘管理：由于具有反应堆棚室的地温、棚温较高，为防止徒长和延长光合作用时间，与常规栽培相比，揭帘要早，百米能看清人时就拉草帘。盖帘要晚，晴天下午棚温降至17～18℃，阴天降至15～16℃时盖帘。

加强通风排湿：为提高光合作用，降低湿度，预防病虫害，应用反应堆的大棚，放风口应比常规开口时间早、开口大。一般棚温28℃时开始放风，风口要比常规的大1/4～1/3；温度降至24～26℃时关闭风口。

去老叶：对不同品种去老叶方法不同。黄瓜要保证瓜下有6～7片叶；番茄、甜瓜、辣椒等要保证果下有8片叶，多余叶片可打掉。每天打老叶的时间安排在日出后一个半小时，否则减产严重。

留果数量：应比常规多20%～30%。

病虫防治：应用该技术前3年的大棚，一般不见病不用药，外来虫害可用化学农药无公害防治。

阴雨天后草帘管理：连续阴雨后揭草帘时不要一次全部揭开，要遮花荫。

预防人为传播病虫害：防止人为传播线虫导致病害发生。每一个种植户管理大棚，棚内需要准备4～5双替换鞋和塑料袋，管理人员进出大棚要换鞋，参观人员进棚前鞋上要套塑料袋，以防带进线虫。

禁用激素：激素易使植物器官畸形，尤其是叶片畸形后气孔不能正常开闭，直接影响二氧化碳吸收、光合作用和产量的形成。

（5）适宜区域　全国秸秆资源丰富的地方都可应用该技术。

（6）应用效果

1）生长表现：苗期：早发，生长快，主茎粗，节间短，叶片大而厚，开花早，病虫害少，抗御自然灾害能力强。中期：长势强壮，坐果率高，果实膨大快，个头大，畸形少，上市期提前10～15天。后期：越长越旺，连续结果能力强，收获期延长30～45天，果树晚落叶20天左右。重茬障碍、病虫害泛滥等问题得到解决，改变了过去一年好，二年平，三年连种就不行的难题。

2）产量表现：果树不同品种一般增产80%以上；蔬菜不同品种一般增产50%以上。总结多年应用结果，其倾向性规律为：果树大于蔬菜；豆科作物大于禾本科作物；以叶类为经济产量的作物（如茶、烟等）大于以籽粒为经济产量的作物；C_3植物大于C_4植物等。

3）品质表现：果实整齐度、商品率、色泽、含糖量、香味及香气质量显著提高；产品亚硝酸盐含量、农药残留量显著下降或消失，是一项典型的有机栽培技术。

4）投入产出比：温室瓜果菜类为1:14～16；大拱棚瓜果菜类为1:8～12；小拱棚瓜果菜为1:5～8；露地栽培瓜菜为1:4～5；部分中药材为1:20～50。

5）降低生产成本：温室每亩减少3 500～4 500元；大棚每亩减少1 500～2 500元；小拱棚每亩减少500～1 000元。

（四）注意事项

1.草帘管理

由于反应堆地温、棚温较高，为防止徒长和延长光合作用时间，与常规栽培相比，揭帘要早，百米能看清人时就拉草帘。盖帘要晚，晴天下午棚温降至17～18℃，阴天降至15～16℃时盖帘。

2.加强通风排湿

为了提高光合作用，降低湿度，预防病虫害。应用反应堆的大棚，放风口应比常规开口时间早、开口大。一般棚温28℃时开始放风，风口要比常规的大1/4～1/3；关风口以温度降至24～26℃时进行。

3.去老叶

对不同品种去老叶方法不同。黄瓜要保证最下一个瓜下有6～7片叶；西红柿、甜瓜、辣椒等要保证最下一个果实下有8片叶，多余叶片可打掉。每天打老叶的时间只有出太阳后一个半小时，杜绝十点以后至天黑去老叶，因为中午和下午打老叶会严重减产。

4.留果数量

应比常规增加20%～30%。

5.病虫防治

应用该技术头三年的大棚，一般不见病不用药，外来虫害可用化学农药防治。

6.阴雨天后草帘管理

连续阴雨后揭草帘时不要一次全部揭完。人工揭帘要间隔进行，第一天

隔二揭一，第二天揭二隔一，第三天才能全部揭完；用自动卷帘机，第一天揭1/3，第二天揭2/3，第三天揭完。

7.预防人为传播病虫害

防止人为传播线虫导致病害发生。每一个种植户管理大棚，棚内需要准备4～5双替换鞋和塑料袋，管理人员进出大棚要换鞋，参观人员进棚前鞋上要套塑料袋，以防通过鞋底带进线虫。

8.禁止使用激素和叶面肥

激素和叶面肥都能使植物器官畸形，尤其是叶片畸形后气孔不能正常开闭，直接影响二氧化碳吸收、光合作用和产量的形成。

（五）适宜区域

全国秸秆资源丰富的地方都可应用该技术。

（六）典型案例

1.生长表现

苗期：早发、生长快、主茎粗、节间短、叶片大而厚，开花早，病虫害少，抗御自然灾害能力强。中期：长势强壮，坐果率高，果实膨大快，个头大，畸形少，上市期提前10～15天。后期：越长越旺，连续结果能力强，收获期延长30～45天，果树晚落叶20天左右。重茬障碍，病虫害泛滥等问题得到解决，改变了过去"一年好，二年平，三年连种就不行"的难题，

2.产量表现

果树不同品种一般增产80%以上；蔬菜不同品种一般增产50%以上；根、茎、叶类作物一般增产一倍以上。总结多年应用结果，其倾向性规律为：果树大于蔬菜；根、茎、叶类蔬菜大于果实类蔬菜；豆科植物大于禾本科植物；以叶类为经济产量的作物（如茶、烟等）大于以籽粒为经济产量的作物；C_3植物大于C_4植物等。

3.品质表现

果实整齐度、商品率、颜色光泽、含糖量、香味及香气质量显著提高；产品含亚硝酸、农药残留量显著下降或消失，是一项典型的有机栽培技术。

4.投入产出比

温室瓜果菜类为1：14～16；大拱棚瓜果菜类为1：8～12；小拱棚瓜菜为1：5～8；露地栽培瓜菜为1：4～5；特殊中药材为1：20～50。

5．降低生产成本

温室每亩成本减少3 500 ～ 4 500元；大棚每亩成本减少1 500 ～ 2 500元；小拱棚每亩成本减少500 ～ 1 000元。

六、秸秆工厂化堆肥技术

　　秸秆富含氮、磷、钾、钙、镁等营养元素和有机质等，是农业生产重要的有机肥源。秸秆肥料化生产是控制一定的条件，通过一定的技术手段，在工厂中实现秸秆腐烂分解和稳定，最终将其转化为商品肥料的一种生产方式，其产品一般主要包括精制有机肥和有机—无机复混肥的两种产品。利用秸秆等农业有机原料进行肥料化生产的有机肥或有机—无机复混肥产品在改良土壤性质、改善农产品品质和提高农产品产量方面具有重要意义和显著效果。

（一）技术原理与应用

　　秸秆有机肥生产的原理是利用速腐剂中菌种制剂和各种酶类在一定湿度（秸秆持水量65%）和一定温度下（50 ～ 70℃）剧烈活动，释放能量，一方面将秸秆的纤维素很快分解；另一方面形成大量菌体蛋白，为植物直接吸收或转化为腐殖质。通过创造微生物正常繁殖的良好环境条件，促进微生物代谢进程，加速有机物料分解，放出并聚集热量，提高物料温度，杀灭病原菌和寄生虫卵，获得优质的有机肥料。

（二）技术流程

　　秸秆工厂化堆肥根据生产工艺和最终产品的不同而有所差别，主要包括秸秆精制有机肥生产工艺、秸秆有机—无机复混肥生产工艺等。对于精制有机肥和有机—无机复混肥来说，精制有机肥的工艺是有机—无机复混肥的工艺中的一部分。

1．秸秆精制有机肥生产工艺

　　秸秆和畜禽粪便等混合而成的物料经过堆肥化处理可以形成秸秆精制有机肥制品，生产过程主要包括秸秆原料的收集和贮运、原料粉碎混合、一次发酵、陈化（二次发酵）、粉碎和筛分包装几个部分。精制有机肥现执行行业标准NY525—2002。精制有机肥的生产方法主要有条垛式堆肥、槽式堆肥和反应器式堆肥等几种形式，它们各有优缺点，需要根据企业当地的具体情况加以选择，但它们的生产工艺流程大致相同。

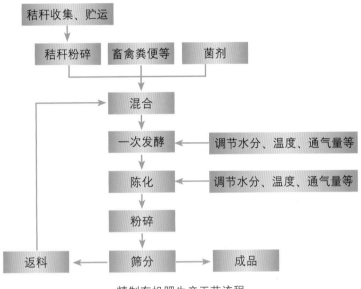

精制有机肥生产工艺流程

2. 秸秆有机—无机复混肥生产工艺

秸秆有机—无机复混肥不是简单的有机肥和无机肥的混合产物，它较单一生产有机肥或无机肥要难，主要在于两者造粒不易，或者是造粒产品不易达到国家的有机—无机复混肥产品标准（GB 18877—2002）。有机肥本身性质是不易造粒的主要原因，按国家标准规定，有机肥在整个复混肥的原料中占比重不小于30%，而随着有机肥占的比重增加其成粒难度也会相应增大。

就现有工艺来说，秸秆有机—无机复混肥的生产工艺有两个阶段，一个是有机肥的生产阶段，另一个就是有机肥和无机肥的混合造粒阶段。秸秆有机肥的生产阶段与秸秆精制有机肥的生产相同，秸秆等物料也需要通过高温快速堆肥处理而成为成品有机肥。造粒阶段的流程：

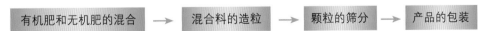

目前，成熟的造粒工艺主要包括以下几种：

（1）**滚筒造粒**　混合好的物料在滚筒中经黏结剂湿润后，随滚筒转动相互之间不断黏结成粒。黏结剂有水、尿素、腐殖酸等种类，可依生产需要而定。本工艺主要特点是：有机肥不需前处理即可直接进行造粒；黏结剂的选择范围广，工艺通用性强；成粒率低，但外观好。

（2）**挤压造粒** 有机肥和无机肥按一定比例混合，经对辊造粒机或对齿造粒机等不同的造粒机进行挤压或碾压成粒。质地细腻且黏结性好的物料比较适合该工艺的要求，此外必要时还需调节含水量以利于成粒。该工艺的主要特点是：物料一般需要前处理；无需烘干，减少了工序；产品含水量较高；颗粒均匀，但易溃散；生产时要求动力大、生产设备易磨损。

（3）**圆盘造粒** 干燥和粉碎后的有机肥配以适量无机肥送入圆盘，经增湿器喷雾增湿后在圆盘底部由圆盘和内壁相互摩擦产生的力而黏结成粒，最后再次干燥后筛分装袋。圆盘造粒工艺现已发展出连续型和间歇型两种方法。该工艺特点是：有机肥需先行进行干燥粉碎处理，工序繁琐；对有机肥的含量适应性强；颗粒可以自动分级但成粒率偏低，外观欠佳；生产能力适中。

（4）**喷浆造粒** 有机肥和无机肥按一定比例混合后投入造粒机内被扬起，然后喷以熔融尿素等料浆，在干燥和冷却的过程中逐步结晶达到相应的粒度。本工艺的特点是：造粒需高温；成粒率高，返料少；生产能力强。

除此之外，一些如挤压抛圆造粒的新型造粒工艺也已应用。其工艺流程大致是：

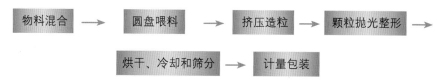

该工艺兼具挤压造粒和滚筒造粒的优点，产品在成粒性、强度和外观上都不错。产品的颗粒性、强度和外观等关系到产品的市场竞争力。一般情况下，颗粒均匀、强度适宜和外观良好的产品易于得到市场的青睐。

（三）技术操作要点

1. 原料处理

秸秆一般不直接作为原料进行快速堆肥，而是首先进行秸秆粉碎处理，研究显示秸秆粉碎到1厘米左右是最适合进行堆肥的。粉碎好的秸秆和畜禽粪便等其他物料进行混合，其主要目的是调节原料的碳氮比（25 ~ 30 : 1）和含水率（60%）左右，使之适合接种菌剂中的微生物迅速繁殖和发挥作用。据测算，一般猪粪和麦秸粉的调制比例10 : 3左右、牛粪和麦秸粉的调制比例3 : 2左右、酒糟与麦秸粉调制比例2 : 1左右（还需要调节含水率）是较为合适的，但生产上对用料的配比需依物料实际情况再调整。

2. 发酵

快速堆肥化方式生产有机肥时，物料大致经历升温、高温和降温3个阶段。

（1）升温阶段 大致是混合物料开始堆垛到一次发酵中温度上升至45℃前的一段时间（2～3天），期间嗜温微生物（主要是细菌）占据主导地位并使易于分解的糖类和淀粉等物质迅速分解释放大量热而使堆温上升。为了快速提高堆体中的微生物数量，常需要在混合料中加入专门为堆肥生产而研制的菌剂。

（2）高温阶段 主要是堆体温度上升到45℃后至一次发酵结束的这段时间（1周左右），该阶段中嗜热微生物（主要是真菌、放线菌）占据主导地位，其好氧呼吸作用使半纤维素和纤维素等物质被强烈的分解并释放大量的热。该阶段中要及时进行翻堆处理（4～5次），依"时到不等温，温到不等时"的原则（即隔天翻堆时即使温度未达到限制的65℃也要及时进行，或者只要温度达到65℃即使时间未达到隔天的时数也要进行翻堆），以调节堆体的通风量、温度50～65℃（最佳55℃），但是绝对不可让堆体的温度增高到70℃，因为此温度下大多数微生物的生理活性会受到抑制甚至死亡。本阶段也是有效杀灭病原微生物和杂草种子的阶段，是整个堆肥生产过程中的关键，其成功与否直接决定产品的质量优劣。

3. 陈化

陈化过程（历时4～5周）主要是对一次发酵的物料进行进一步的稳定化，对应的是堆肥的降温阶段。堆体温度降低到50℃以下，嗜温微生物（主要是真菌）又开始占据主导地位并分解最难分解的木质素等物质。该阶段微生物活性不是很高，堆体发热量减少，需氧量下降，有机物趋于稳定。为了保持微生物生理活动所需的氧气需要在堆体上插一些通气孔。

4. 粉碎与筛分

陈化后的物料经粉碎筛分后将合格与不合格的产品分离，前者包装出售后者作为返料回收至一次发酵阶段进行循环利用。

5. 造粒

根据生产中选择的造粒工艺，在造粒前要对有机肥进行一定的前处理，如工艺要求物料要细腻的需对其进行粉碎和筛分处理，工艺要求含水量低的需进行干燥处理等。

6. 烘干包装过程

经过造粒、整形、抛圆后的有机颗粒肥内含有一定的水分，颗粒强度低，不适合直接包装和贮存，需要经过烘干、冷却除尘、筛分等生产工序后，方可进行称重包装，入库贮存。

秣秆工厂化堆肥工艺流程

（四）注意事项

1. 原料预处理

秣秆纤维素、木质素含量高，一般不直接作为原料进行快速堆肥，应先进行切短或粉碎处理。

2. 温度

秣秆腐熟堆沤微生物活动需要的适宜温度为40～65℃。保持堆肥温度55～65℃一个星期左右，可促使高温性微生物强烈分解有机物；然后维持堆肥温度40～50℃，以利于纤维素分解，促进氨化作用和养分的释放。在碳氮比、水分、空气和粒径大小等均处于适宜状态的情况下，微生物的活动就能使沤堆中心温度保持在60℃左右，使秣秆快速熟化，并能高温杀灭堆沤物中的病原菌和杂草种子。

3. pH

大部分微生物适合在中性或微碱性（pH6～8）条件下活动。秣秆堆沤必要时要加入相当于其重量2%～3%的石灰或草木灰调节其pH。加入石灰或草木灰还可破坏秣秆表面的蜡质层，加快腐熟进程。也可加入一些磷矿粉、钾钙肥和窑灰钾肥等用于调节堆沤秣秆的pH。

4.菌种

复合菌种要保存在干燥通风的地方，不能露天堆放。避免阳光直晒，防止雨淋。菌剂不易长期保存，要在短期内用完。菌剂保管时不宜放在有化肥或农药的仓库内。

5.有机肥必须完全腐熟

有机肥完全腐熟以利于杀灭各种病原菌、寄生虫和杂草种子，使之达到无害化卫生标准。有机无机复混肥中重金属含量、蛔虫卵死亡率和大肠菌值指标应符合GB 8172—1987的要求。

（五）适宜区域

全国秸秆资源丰富的地方都可应用该技术。

（六）典型案例

试验结果表明，施用有机肥可显著增加水稻穗数和穗粒数，提高产量。施用秸秆有机肥处理产量达到7 202.10千克/公顷，较不施肥对照区增产28.24%，施用秸秆有机肥的效果基本等同于畜禽粪便有机肥。同时，施用秸秆有机肥处理，土壤理化性状有所改善，容重有所降低，土壤微生物数量均大幅增加，各种营养元素及有机质含量均有所提高，可有效改善土壤生态环境。生产实践表明，使用JKF-420型秸秆粪便混合有机肥造粒机，可减少40%的化肥用量，每亩减少成本36元。

第三部分　秸秆饲料化利用

一、秸秆青贮技术

（一）技术原理与应用

　　秸秆青贮就是把新鲜的秸秆切碎，填入密闭的青贮窖内，经过微生物发酵作用，达到长期保存秸秆营养成分目的的一种秸秆处理技术。秸秆在厌氧条件下，饲料中乳酸菌发酵糖分产生乳酸，当乳酸积累到足以使青贮物料中的pH下降到3.8～4.2时，青贮料中所有微生物活动过程都处于被抑制状态，从而使饲料的营养价值得以长期保存。由于青贮饲料中的微生物发酵产生有用的代谢物，使青贮饲料带有酸香的味道，大大提高了秸秆饲料的适口性。

（二）技术流程

原料的适时收割　　切碎和调节水份　　装填与压实

青贮饲料饲喂　　青贮饲料开启　　密封

（三）技术操作要点

（1）必须选择含有一定糖分的秸秆（一般不低于干物质10%）作为青贮原料，玉米、高粱秸秆及甘薯藤等均含有适量或较多易溶性碳水化合物，是优良的青贮原料。在制作青贮料时，含糖量低的秸秆原料可以添加含糖或淀粉量高的青贮原料混贮。

（2）青贮原料适宜的含水量为65%～75%，以保证乳酸菌正常活动。

青贮原料的及时收获

秸秆的切碎处理

（3）青贮原料应切碎、切短使用，这不仅便于装填、取用，家畜容易采食，而且对青贮饲料的品质有重要的影响。比较粗硬的秸秆如玉米秸、甜高粱秆等应切得较短些，以1厘米左右为宜；比较柔软的秸秆如大麦秸、燕麦秸等可切的稍长些，以3～4厘米为宜。

（4）青贮饲料饲喂前，应从色、香、味和质地等方面检查青贮秸秆的质量。首先，品质良好的青贮饲料呈现青绿色或黄绿色；中等品质的青贮饲料呈现黄褐色或墨绿色；品质低劣的青贮饲料多为暗褐色或黑色。其次，品质优良的青贮饲料有酸味和水果香味；中等品质的青贮料有刺鼻的醋酸味；低劣的青贮饲料已经腐烂，有臭味。第三，品质良好的青贮饲料虽压得非常紧实，但拿在手中又很松散，质地柔软而湿润，茎叶和花等都保持原来的状态，能够清楚地看到茎叶上的叶脉和绒毛，而品质不良的青贮饲料黏成一团，像一块烂泥，或者质地松散、干燥、粗硬、发黏。

（四）注意事项

（1）全株玉米应在霜前蜡熟期收割；收果穗后的玉米秸，应在果穗成熟后及时抢收茎秆作青贮。禾本科牧草以抽穗期收割为好，豆科牧草以开花初期收获为好。

（2）要求填紧、压实、密封，尽量减少青贮饲料中的空气，并与外界空气隔绝，以便于微生物发酵。

青贮窖内秸秆填紧、压实　　　　　秸秆青贮密封发酵

（3）青贮饲料饲喂时，青贮窖只能打开一头，要采取分段开窖，分层取料。取料后要重新盖好青贮窖，防止日晒、雨淋，避免养分流失、质量下降或发霉变质。

青贮饲料的分层取用

（4）开始饲喂青贮饲料时，要由少到多，逐渐增加，使家畜有一个适应过程。防止突然改变饲料，引起家畜食欲下降。

饲喂青贮饲料

（5）青贮秸秆是饲喂家畜的好饲料，但不能长期单一饲喂，这样不仅难以保证家畜对营养物质的全面需求，而且大量饲喂易造成腹泻。

（五）适宜区域

该技术较为成熟，经济实用，适宜各个区域。

二、秸秆裹包微贮技术

（一）技术原理与应用

秸秆裹包微贮是把可用作草食家畜粗饲料利用的玉米、水稻秸秆等进行机械打捆（圆捆或方捆），并按比例添加一种或多种有益微生物菌剂，以拉伸膜缠绕包裹，在适宜的水分和厌氧条件下，通过有益微生物的繁殖与发酵作用，使质地粗硬或干黄秸秆变成柔软多汁、气味酸香、适口性好、利用率高的粗饲料。秸秆裹包微贮具有结构致密、发酵品质优良、对存放场所要求不严和易于移动等特点。

微贮过程中有益微生物的大量生长繁殖，使原料中的粗纤维素类物质在发酵过程中部分转化为糖类，糖类又被有机酸菌转化为乳酸和挥发性脂肪酸，使pH下降到4.5以下，抑制丁酸菌、腐败菌等有害菌的生长繁殖，从而使被贮秸秆安全保存。

（二）技术流程

技术流程主要包括秸秆收获、打捆、裹包及贮存。

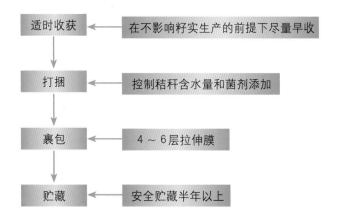

适时收获	在不影响籽实生产的前提下尽量早收
打捆	控制秸秆含水量和菌剂添加
裹包	4～6层拉伸膜
贮藏	安全贮藏半年以上

（三）技术操作要点

1.收获与打捆

在不影响籽实生产的前提下尽量提早收获。提早收获是获得高质量秸秆的前提，如收获时植株保持有较多的绿叶，则秸秆中将保存更多和易于被家畜利用的营养成分。秸秆的含水量符合打捆要求（含水量50% ~ 75%）时采用收获打捆一体化机械收割打捆，或通过捡拾打捆机打捆，也可以运抵场地采用固定式机械打捆。如收获时秸秆含水量过高则先收获籽实，秸秆平铺地表进行水分凋萎后再进行捡拾打捆，需进行捡拾打捆的秸秆不能切碎过细，以免影响秸秆的机械捡拾率。

2.菌剂添加

打捆的同时，向秸秆中喷洒乳酸菌等发酵菌剂。根据所贮饲料原料的贮量，计算出所需的菌种量，然后倒入10 ~ 20倍的水中充分搅拌，在常温下放置1 ~ 2小时，活化菌种，形成菌液。在有条件的情况下，可在水中加适量白糖或糖蜜，以提高菌种的活化率。菌剂的添加量主要根据微贮原料来确定，一般添加量为秸秆鲜重的0.2‰ ~ 1‰，秸秆中有效活菌数在每克2×10^5菌落形成单位以上。为达到菌剂的均匀添加以及便于操作，宜在打捆机具上安装菌剂自动喷洒装置，采取边打捆边添加的方法进行。根据秸秆原料的含水量调节菌剂的添加量，如果微贮料自身的水分含量比较高，应减少菌液的稀释倍数，一般每吨微贮料至少加50千克的稀释菌液，而秸秆较干时适当增加菌剂的喷洒量。

3.裹包作业

可以采用田间裹包作业或运抵贮存场地再进行裹包，但为了防止包裹膜的破损，最好先将草捆运抵场地后再进行拉伸膜裹包，裹包作业要求在打捆当天完成，以确保水分含量和及时隔离空气，抑制有氧发酵和霉菌的生长，拉伸膜包裹4 ~ 6层。

4.堆放及堆贮场管理

微贮秸秆捆适宜存放于地势较高处，以免遭受积水浸泡，堆垛高度不高于4层，远离热源，防止阳光直晒。

（四）注意事项

（1）裹包时避免漏裹以及防止拉伸膜被刺穿，对漏裹或穿孔现象及时进行

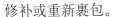

修补或重新裹包。

（2）防止鼠害和鸟害，必要时在裹包草捆堆外加防护网。定期检查有无进水、鼠害、鸟害等。

（五）适宜区域

适宜玉米、水稻等主产区。

（六）典型案例

江苏常州苏农奶牛合作社联社稻草打捆裹包微贮实例。

该合作社存栏奶牛2 000余头，年消耗水稻秸秆1万余吨。稻草的收贮流程为：水稻收获采用半喂入式收割机，稻草不进行切碎，整草铺于地表，晾晒1天后采用自走式捡拾圆捆机打捆，打捆过程中自动喷撒发酵菌剂，草捆直径61厘米，长70厘米，单个草捆重60千克左右，运抵场地再进行裹包，拉伸膜包裹4层，于存放地内堆高3～4层存放，可安全贮存一年。微贮30天后取料饲喂，饲喂时采用带切碎功能的混合机将稻草切碎并和其他精料拌和制作成奶牛全混日粮（TMR饲料）饲喂。含微贮稻草的TMR饲料适口性好，采食量提高，且不影响奶牛健康水平及生产性能，每头奶牛每年饲养成本下降700～900元，具有较好的经济效益。

田间晾晒

整草收获

草捆转运

场地裹包

含微贮稻草TMR饲料制作

微贮稻草TMR饲料奶牛饲喂

三、秸秆氨化技术

（一）技术原理与应用

　　秸秆氨化是在密闭的条件下，在稻、麦、玉米等秸秆中加入一定比例的液氨或者尿素进行处理的方法。氨化秸秆的作用机理有三个方面：一是碱化作用。氨的水溶液呈碱性，秸秆氨化过程中，由于碱化作用，可以使秸秆中的纤维素、半纤维素与木质素分离，结构变得疏松，使反刍家畜瘤胃中的瘤胃液易于渗入，从而提高秸秆的消化率。二是氨化作用。氨在破坏木质素与多糖间酯键的同时，形成铵盐，铵盐是一种非蛋白氮化合物，能被反刍动物瘤胃微生物利用，合成优良的菌体蛋白，可在消化道与饲料蛋白质一道被动物消化吸收，供畜体利用。三是中和作用。氨能与有机酸结合，消除酸根，中和饲料的潜在酸度，为牛羊反刍动物瘤胃微生物的活动创造良好的环境条件。

目前，采用的氨化方法有：堆 垛法、窖池法、塑料法和氨化炉法。另外，还可以利用现有的容器因地制宜进行氨化（如用大缸甚至墙角等）。氨化秸秆的主要氨源有液氨、尿素、碳酸氢铵和氨水。

氨化窖池法是我国应用最为普及一种方法，在温度较高的黄河以南地区，多数是在地面上建窖池，充分利用春、夏、秋季节气温高、氨化速度快的有利条件；而在北方较寒冷地区，夏季时间短，多利用地下或半地下窖制作氨化饲料，以便冬季利用。

（二）技术流程

1.窖池法

秸秆切碎 → 喷洒尿素溶液 → 搅拌均匀 →

覆盖薄膜压土密封 → 晾晒放氨 → 饲喂动物

2. 堆垛法

秸秆收集或打捆

秸秆层层压实

液氨槽车

注氨

盖好的草垛

秸秆氨化

秸秆饲喂

释放余氨

（三）技术操作要点

1. 氨化温度

氨化秸秆的速度与环境温度关系很大，温度较高时，应缩短氨化时间。一般适宜的氨化最佳温度是 10 ～ 25℃。温度在17℃时，氨化时间可少于28天；当氨化的温度高达28℃时，只需10天左右即可氨化完毕。

2. 氨的用量

综合考虑氨化效果及其成本，一般氨的用量以3％为宜。根据这一数值，针对不同的氨源，其用量占秸秆重的比例为：液氨2.5%～3.0%，尿素4.0%～6.0%，氨水10%～15%，碳酸氢铵10%～15%。

3. 秸秆品质

氨化秸秆必须有适当的水分，一般以25%～35%为宜。水分过低，水分都吸附在秸秆中，没有足够的水分与氨结合，氨化效果差。含水量过高，不但开窖后需长时间晾晒，而且会引起秸秆发霉变质，影响氨化效果。

（四）注意事项

（1）在制作氨化秸秆时要严格按规定使用氨源，不可随意加大用量；如以尿素、碳酸氢铵作为氨源时，务必使其完全溶解于水后方可使用；以尿素为氨源时，要避开盛夏35℃以上的天气。

（2）发酵装池时，应将液氨或氨源溶解液均匀地喷洒于秸秆上，以便于氨源与饲料混合均匀，提高秸秆氨化效果。

（3）好的氨化秸秆质地柔软，颜色呈棕色或深黄色，而且发亮。若颜色和普通秸秆一样，说明没有氨化好。氨化失败的秸秆颜色较暗，甚至发黑，有腐烂味。腐败的氨化秸秆不能饲喂家畜，只能用作肥料。

（4）要根据日常饲喂量随用、随取。每次取出氨化秸秆后，剩余部分要重新密封，以防漏气。含水量大的秸秆也可大量出料，晾干后保存。氨化好的秸秆，开封后有强烈氨味，不能直接饲喂，须将氨化好的秸秆摊开，经常翻动，经放氨后方可喂养。

（5）氨化饲料只能用作成年牛、羊等反刍家畜的饲料，未断奶的犊牛、羔羊应该慎用。开始饲喂时量不宜过多，可同未氨化的秸秆一起混合使用，以后逐渐增加氨化秸秆的用量，直到完全适应时再大量使用。

（6）给动物饲喂氨化饲料后不能立即饮水，否则氨化饲料会在其瘤胃内产生氨，导致中毒。

（五）适宜区域

堆垛法适于我国南方周年采用和北方气温较高的月份采用。窖池法在温度较高的黄河以南地区，多数是在地面上建窖池，充分利用春、夏、秋气温高，氨化速度快的有利条件；而在北方较寒冷地区，夏季时间短，多利用地下或半地下窖制作氨化饲料，以便冬季利用。

四、秸秆压块饲料生产技术

（一）技术原理与应用

秸秆压块饲料是指将各种农作物秸秆经机械铡切或搓揉粉碎，混配以必要的营养物质，经过高温高压轧制而成的高密度块状饲料。被人们称为牛羊的"压缩饼干"或"方便面"。秸秆压块后体积大大缩小，搬运方便，饲喂时更为方便省力，只要将秸秆压块饲料按1：1～2的比例加水，使之膨胀松散即可饲喂，劳动强度低，工作效率高。

秸秆压块饲料生产和长距离运输，可有效地调剂农区与牧区之间的饲草余缺，尤其是对抗御牧区"黑灾""白灾"有着重要的现实意义。春、冬两季时，各地的牧草和农作物秸秆短缺，牲畜普遍缺草，而到了夏、秋两季，各种农作物秸秆及牧草资源极为丰富。在秋季通过机械加工压块饲料，使之成为适于长途运输或长期贮存的四季饲料，可有效地解决部分地区饲草资源稀少和冬、春短草的问题。

（二）技术流程

秸秆收集　　　　晾晒、去除杂质　　　　切　碎

成品包装、入库贮存　　压块冷却、晾干　　　压　块

（三）技术操作要点

1. 秸秆收集与处理

秸秆收集后要进行如下处理：一是晾晒。适宜压块加工的秸秆湿度应在20％以内，最佳为16％～18％。二是切碎或搓揉粉碎。在切碎或搓揉粉碎前一定要去除秸秆中的金属物、石块等杂物。切碎长度应控制在30～50厘米。秸秆切碎后将其堆放12～24小时，使切碎的秸秆原料各部分湿度均匀。含水量低时，应适当喷洒一些水，湿度保持在16％～18％。

秸秆收集

2. 添加营养物质

为了使压块饲料在加水松解后能够直接饲喂，可在压块前添加足够的营养物质，使其成为全价营养饲料。精饲料、微量元素等营养物质要根据牲畜需要和用户需求按比例添加，并混合均匀。

3. 轧块机压块

将物料推进模块槽中，产生高压和高温使物料熟化，经模口强行挤出，生成秸秆压块饲料。从轧块机模口挤出的秸秆饲料块温度高、湿度大，可用冷风机将其迅速降温，这样可有效地减少压块饲料中的水分。为了保证成品质量，必须将降温后的压块饲料摊放在硬化场上晾晒，继续降低其水分含量，以便于长期保存。

轧块机压块

4.秸秆压块存贮

将成品压块饲料按照要求进行包装，贮存在通风干燥的仓库内，并定期翻垛检查有无温度升高现象，以防霉变。

秸秆压块饲料的存贮

（四）注意事项

根据地区秸秆资源条件，确定用于压块饲料生产的主要秸秆品种，首选豆科类秸秆，其次为禾本科秸秆。

秸秆无霉变是确保秸秆压块饲料质量的基本要求。因此，在秸秆收集与处理过程中，一要确保不收集霉变秸秆；二要对收集到的秸秆进行妥善保存，防止霉变。

（五）适宜区域

秸秆压块饲料技术适用于秸秆产量比较丰富的地区，尤其是在相对靠近内蒙古、新疆、青海、西藏、宁夏、甘肃（河西走廊）等牧区的农区建设。

五、秸秆膨化饲料技术

秸秆膨化是对秸秆原料进行高温高压处理后减压，利用水分瞬时蒸发或物料本身的膨胀特性使物料的某些理化性能改变的一种加工技术。它分为气流膨化和挤压膨化两种。气流膨化是在密闭窗口里对物料施以高温高压蒸汽处理，然后减压；挤压膨化是利用螺杆、剪切部件对物料的挤压产热，使物料中的水分蒸发达到升温增压的效果，然后在出口处突然减压，通过气流的作用实现对物料的膨化。目前国内广泛采用的秸秆膨化技术方法有蒸汽罐式膨化法及单螺杆挤压膨化法两种。蒸汽罐式膨化法即"热喷"技术，目前在辽宁、新疆等地的粗饲料企业及纤维企业广泛采用。经热喷处理的秸秆饲料，明显增加了可溶性成分和可消化、吸收成分，使适口性变好，从而提高了饲用价值，但其设备工艺较为复杂，适合大型加工企业产业化开发。单螺杆挤压膨化方法是目前小型秸秆处理企业或养殖户采用的一项秸秆加工处理技术，其特点是占地面积小，技术简单，易于操作，适合于农户及小型加工企业自行应用。

（一）技术原理与应用

1. 秸秆的物理特性

（1）秸秆木质化程度高，可溶性营养物质含量低，约占细胞总重的10%～20%，细胞壁中不溶于水的纤维素、半纤维素形成交叉网状结构包覆于细胞表面，阻碍营养物质的消化吸收。

（2）秸秆茎叶表皮具有一层高分子致密的蜡质层（由硅细胞组成），保护植物免受微生物的侵蚀，也阻碍了动物消化道对营养物质的消化和吸收。

对秸秆进行膨化处理，所起到的作用主要有：①消除茎、叶表皮的蜡质层和硅细胞；②消除秸秆细胞间的木质素紧密连接；③消除细胞壁结壳物质的坚硬结构；④消除纤维素和半纤维素结成的链状交叉结晶结构的高抗蚀性。

2. 膨化的技术原理

在秸秆经受热增压处理时，受到热效应和泄压时机械效应双重作用，破坏秸秆表皮的蜡质结构和硅细胞结构，使木质素结构遭到破坏，提高秸秆的消化率。

蒸汽处理的热效应：蒸汽罐式膨化技术是通过外来蒸汽导入，单螺杆挤压膨化技术的蒸汽来源于物料的水分调节和挤压升温产生的蒸汽。其作用都是增加了罐内的温度和压力，使物料变软，在160～220℃的高温蒸汽作用下，秸秆细胞间木质素和半纤维素网状结构受到破坏，部分氢键断裂而吸收了水分子，秸秆表面的蜡质层及硅细胞层遭到破坏，使高分子物质分解为小分子易于吸收的营养物质。同时，高温蒸汽不但可以杀灭病菌、微生物、虫卵，还可使各种抗营养因子失活，提高了饲料品质，延长了保质期。

泄压处理的机械效应：是指通过物理性瞬间喷发，秸秆纤维遭受物理性撕裂的过程。在打开排料阀的瞬间，高压蒸汽连同物料同时高速（150～200米/秒）泄出，物料受到强大的压力差及内摩擦力作用，被膨化、失水、降温、细胞游离，结构变得疏松，增加饲料的可溶性成分和可消化、吸收成分，使适口性变好，从而提高了饲用价值。

（二）技术流程

秸秆经筛选除尘、粉碎揉丝装入压力罐内，经密闭加压后，保持高温高压3～40分钟，迅速减压喷泄，饲料进入泄料罐中，冷却后经输送带或搅龙送入成型机压块或直接饲喂，或调制成全混合日粮。

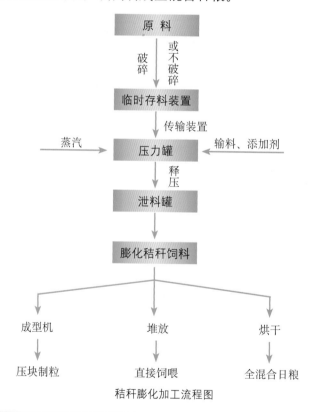

秸秆膨化加工流程图

（三）技术操作要点

秸秆膨化因原料不同，所采用的膨化技术参数也不同，在操作过程中，一定要根据原料的特性适当调节蒸汽产生量和压力，达到较好的产品效果。

（1）高水分低蛋白质秸秆，原料中蛋白质低于6%，粗纤维含量大于30%以

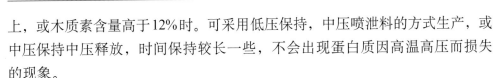

上，或木质素含量高于12%时。可采用低压保持，中压喷泄料的方式生产，或中压保持中压释放，时间保持较长一些，不会出现蛋白质因高温高压而损失的现象。

（2）木质素含量高的秸秆甚至于灌木植物原料，为保证膨化效果，在膨化前必须进行粉碎揉搓，加工成1～2厘米的丝状物料。

（3）秸秆原料中添加非蛋白氮（尿素等）原料时，需将尿素与秸秆充分混合，切记在处理时不可以采用高压力，防止蛋白质过热保护及分解，一般采用5千克/厘米^{2}以下的低温加热迅速升至中压后喷放泄料。

（4）热处理，过高的蒸汽压力和过长的作用时间容易导致饲料蛋白质变性或氨基酸被破坏；同时延长热处理的时间可能会破坏维生素，造成营养损失。

（四）注意事项

秸秆有膨化过程中温度和压力过高时，可能导致蛋白质的"过度保护"反应，反而降低氮的沉积量，不利于饲喂安全。因此不宜对蛋白质含量较高的粗饲料进行高压力、长时间的加热处理。

（五）适宜区域

秸秆膨化技术适宜原料较多，如玉米秸秆、小麦秸秆、水稻秸秆、豆秸、乔木灌木、农作物加工副产物秕壳等粗纤维及木质素含量较高的资源均可采用膨化技术进行加工调制，提高其利用效率。在我国东北玉米秸秆产量较多的地区，西北棉秆较多的新疆等地均建有规模化纤维膨化加工厂，进行膨化饲料及糖化饲料生产。所以膨化技术适宜区域较广。

（六）典型案例

内蒙古畜牧科学院利用热喷麦秸喂绵羊，日增重由喂原始麦秸组的21.65克提高到47.55克，羊瘤胃48小时中性洗涤纤维的消化率由原始麦秸的37.93%提高到68.82%，瘤胃总酸量由每100毫升5.04毫摩/升提高到5.52毫摩/升，乙酸/丙酸比值由12.89降至9.63。辽宁阜新市农场用热喷玉米秸代替28.5%的羊草饲喂奶牛，不影响产奶量和乳脂率，但因热喷玉米秸价格低廉，每头奶牛每年可节约饲草费160元。

案例1：贺健等采用瘤胃液体外消化的方法测定几种粗饲料热喷处理前后有机物的消化率表明，热喷处理可以有效提高粗饲料的消化率。

几种粗饲料热喷前后有机物消化率

样　品	原始样消化率（%）	热喷样消化率（%）
麦秸	38.65	55.46（75.12[a]）
玉米秸	52.09	75.51（88.02[a]）
稻草	40.14	59.61（64.42[a]）
芦苇	40.25	52.69（56.81[a]）
红柳	29.07	48.87
锯末	24.87	43.27（50.24[b]）

注：a为加尿素结果，b为混样结果。引自贺健《热喷饲料与热喷产业》

案例2：热喷处理对提高麦秸的饲料利用率有一定的效果，这主要表现在不同程度上改善了瘤胃微生态环境检测指标。卢德勋等研究发现在饲喂热喷麦秸的羊经营养补添后，其瘤胃微生态环境改善，采食量极大提高，日增重增高，羊毛生长速度加快。

试验各组绵羊瘤胃微生态环境监测指标

项　目	热喷麦秸组	热喷麦秸营养补添组	非热喷组
每100毫升VFA总浓度（毫摩/升）	5.52±0.57	5.58±0.36	5.04±0.34
乙酸（%）	52.9	51.3	55.7
丙酸（%）	31.2	33.2	25.9
丁酸（%）	14.1	14.1	15.6
戊酸（%）	0.5	0.7	1.1
异戊酸（%）	1.3	0.7	1.7
NGR（%）	2.58	2.38	3.25
每100毫升VFA含氮水平（毫克）	9.65±5.33	10.79±4.42	12.89±5.56
瘤胃食糜N/S比	14.2∶1	13.5∶1	10.9∶1
瘤胃pH值	6.83±0.02	6.74±0.12	6.64±0.15
干物质消化率（%）	72.06±4.42	69.94±2.52	61.81±1.87
粗蛋白降解率（%）	15.97±3.27	9.94±0.67	36.13±4.24
微生物蛋白产量（克/天）	32.6	47.4	30.7

注：VFA（volatile fatty acid）是指挥发性脂肪酸；NGR是指瘤胃食糜内非生糖VFA与生糖VFA的比，计算公式：NGR=［乙酸（%）＋2丁酸（%）＋戊酸（%）］÷［丙酸（%）＋戊酸（%）］。

第四部分　秸秆食用菌基料化利用

一、秸秆栽培草腐生菌类技术

（一）技术原理与应用

在食用菌中，专性腐生菌类分为草腐生菌类和木腐生菌类。草腐生菌是以禾草茎叶为生长基质的菌类。如双孢蘑菇、双环蘑菇和草菇。

麦秸、稻草等禾本科秸秆是栽培草腐生菌类的优良原料之一，可以作为草腐生菌的碳源，通过搭配牛粪、麦麸、豆饼或米糠等氮源，在适宜的环境条件下，即可栽培出美味可口的双孢蘑菇和草菇等。

双孢蘑菇是世界上商业化栽培规模最大的食用菌，是欧美食用菌市场的主导产品。近年来，我国双孢蘑菇年产量达数百万吨，双孢蘑菇罐头的年出口量达20多万吨。草菇，国外称之为"中国菇"。鲜品肥嫩脆滑、味美爽口，干品

双孢蘑菇

草　菇

浓郁芳香，被视为美味佳肴。草菇是高温型（30～32℃）菌类，其栽培方式和双孢蘑菇存在一定的差异。

（二）技术流程

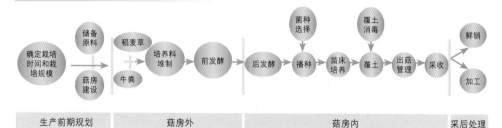

双孢蘑菇发酵料栽培工艺流程简图

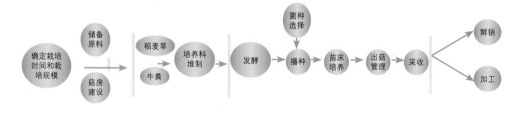

草菇发酵料栽培工艺流程简图

（三）技术操作要点

双孢蘑菇栽培技术要点

1.栽培时间的确定

在自然气候条件下栽培双孢蘑菇，季节的选择是关键。双孢蘑菇是中低温性食用菌，发菌最适温度为22～26℃，蘑菇生长的最适温度为16～18℃。我国各地的双孢蘑菇播种季节一般都安排在秋季，因为秋季由高到低的气温递变规律与双孢蘑菇对温度的反应规律一致。以长江为界，越往北，应越早播种，越往南，应越迟播种，如河北、河南、山东、山西、安徽和苏北等蘑菇产区的适宜播种期为8月，浙北、上海及苏南蘑菇产区，播种期以9月为好，福建、广东、广西等蘑菇产区的播种期应安排在10～11月。栽培期选择应谨慎，过早播种，易遇高温而烧菌，前期蘑菇易遇高温而死菇；过迟播种，出菇温度低，出菇时间缩短而影响产量。浙北和上海适宜播种期为9月15日前后。另外，还需根据品种的特性，适当调整栽培时间。

2.菇房建设

不同产区可以因地制宜，采用不同的栽培模式，如：床架层式栽培模式、地栽模式。

3.原料贮备与常用配方

各地农副产品下脚料种类不一，可以根据实情，改变培养料配方。不论属于何种类型培养料、何种配方，其中的营养成分都必须遵循共同的原则和要求，建堆前培养料中的碳氮比（C/N）应为30～33：1，粪草培养料的含氮量以1.5%～1.7%为好，无粪合成料的含氮量以1.6%～1.8%为好。根据上述原则以及实践证明，常用配方有：

（1）粪草培养料配方

配方1：干稻麦草40%左右，干猪、牛粪55%左右，干菜籽饼2%～3%，过磷酸钙0.5%，石膏1%～2%，石灰1%～2%。

配方2：干稻麦草45%～50%，干猪、牛粪40%～45%，饼肥2%～3%，化肥0.5%～2%，过磷酸钙1%，石膏1%～2%，石灰1%～2%。

（2）无粪合成料配方

配方1：干稻草88%，尿素1.3%，复合肥0.7%，菜籽饼7%，石膏2%，石灰1%。

配方2：干稻草94%，尿素1.7%，硫酸铵0.5%，过磷酸钙0.5%，石膏2%，石灰1.3%。

根据培养料配方和生产规模贮备原料。

4.培养料的预处理

在稻草资源丰富的地区，大多采用前一年贮备的晚稻草。由于吸水速度比较慢，堆制时直接浇淋容易流失，也不容易均匀，因此在建堆前一天进行预湿。预湿方法是将稻麦草先碾压或对切，最好切成30厘米左右，摊在地面，撒上石灰，反复洒水喷湿，使草料湿透。

对于粪料，国外主要采用马粪或马厩肥。马粪呈纤维状，养分较高，发热量较高，建堆后高温维持的时间长。国内，由于蘑菇主产区马粪供应有限，多选用牛粪。无论采用哪种粪便，均必须暴晒足干。在暴晒中，需将粪耙碎，便于预湿。鲜粪不宜采用。

5.前发酵

前发酵也称一次发酵，通常在菇房周围的室外堆肥场中进行。堆肥场要求向阳、避风，地势高，用水方便；有条件最好铺设水泥地面，以免将堆肥场土壤中的杂菌带入料中。如果是泥土地面，建堆肥场时应加入石灰渣后整平压实，防止泥块在堆制和翻堆过程中混入培养料中。无论是水泥地面，还是泥地，堆肥场的料堆堆放地块应铺成龟背形，并在堆场四周开沟、一角建蓄水池，以回收、利用料堆流失水，既可避免雨天料堆底部积水，又可避免培养料养分流失，还能很好地解决堆肥过程中的废水污染问题。建堆前一天，用石灰水或漂白粉等对堆肥场场地进行消毒处理，并做好场地周围的环境卫生。

预　湿　　　　　　　　　　　　　建　堆

　　培养料前发酵包括预湿、建堆和翻堆三个主要工艺环节。建堆前一天将稻麦草、干粪进行预湿。建堆时，先铺一层宽2.3～2.5米、厚30厘米左右的稻、麦草料，再铺一层粪肥，这样一层草、一层粪，各铺10层左右，堆高1.5～1.8米。化肥和饼肥等氮肥辅料必须在建堆时撒入料堆中间，通常在第3～4层后分层均匀加入料堆中。堆料过程中，一般从第3层开始根据草料干湿度边堆料、边分层浇水，浇水量以建堆完成后，料堆四周有少量水流出为宜，次日把收集在蓄水池中的肥水回浇到料堆上。料堆顶部覆盖草帘，雨前盖薄膜防止雨水进入料堆导致堆肥过湿，雨后及时揭去，防止料堆缺氧而影响发酵。

　　建堆后的整个前发酵过程需翻堆3～4次。翻堆时要求将料堆底部及四周的外层料翻入新料堆的中间，将中间发酵良好的料层翻到外层，使整个料堆发酵均匀一致；同时，翻堆时应抖松料块，排出料块中的废气，并使料中氧气得以充分补充，使好气微生物恢复旺盛的活动。

　　第1次翻堆：在正常情况下，建堆2～3天后堆温即可升到70～75℃，第4～5天堆温不再上升，第5天或第6天进行第1次翻堆。第1次翻堆的重点是补充水分，翻堆时根据堆料的干湿情况，补足水分，并均匀加入过磷酸钙

和石膏粉的60%，料堆可缩小到宽1.8米，高1.5米。第2次翻堆：第1次翻堆后3～4天，即在建堆后第9天或第10天进行第2次翻堆，加入余下的40%石膏粉，同时根据培养料含水量补充水分。料堆宽1.8米，高度可降到1～1.2米。第3次翻堆：于建堆后第13天左右进行，均匀加入总量50%的石灰，根据需要补充调节水分。第4次翻堆：于建堆后第15天左右进行，调节含水量至65%左右，即手紧捏料时有3～4滴水，并加入适量的石灰，调节pH至7.5左右。最后一次翻堆后1～2天，培养料即可进房进行后发酵。进房前，应在料堆的表面喷杀虫剂后用塑料薄膜密封6～8小时杀灭料堆中的害虫。

前发酵结束后培养料的质量要求：培养料为深褐色，手捏有弹性，不黏手，有少量的放线菌；含水量为65%左右，pH为7.2～7.5；有厩肥味，可有微量氨味。

6.后发酵

后发酵也称二次发酵。当前我国应用床架层式栽培的产区，后发酵通常在菇房内进行分散式后发酵（室内后发酵）。菇房在进料前必须进行严格消毒杀虫。每季栽培结束后，有条件的最好用蒸汽加热升温至70℃保持1小时以上进行消毒，然后，及时清除废料，拆除床架，用石灰水清洗干净，并在培养料进房前5天，先用漂白粉消毒1次，培养料进房前2天打开门窗，排除毒气，便于进料。

前发酵结束后，将培养料趁热迅速搬运进经清洁消毒的菇房内的床架上，底下1～2层温度低，难以达到后发酵温度要求，不铺放培养料。进料结束后，封闭门窗，让菇房内的培养料自身发热升温，5～6小时后，当料温不再升高时开始加温。不应采用炉灶干热加温，这样容易导致室内氧气不足，影响有益微生物生长、繁殖，同时也会导致培养料水分损失多，影响培养料发酵质量。另外，干热加温易导致菇房内充斥一氧化碳等有毒气体，易发生人煤气中毒，同时由于存在明火，也存在严重的火灾隐患。应采用小型蒸汽炉进行蒸汽加温发酵，可有效地解决上述干热加温发酵中存在的问题，不仅能保持良好的发酵状态，同时由于湿热杀菌效果优于干热杀菌，可有效提高后发酵总体质量和安全性。

后发酵期间的料温变化一般分两个工艺阶段：巴氏消毒阶段、控温发酵阶段。后发酵开始，逐渐加温10小时左右，使料温和气温都达到58～62℃，维持6～8小时，进行巴氏消毒，杀灭培养料和菇房床架等中的杂菌和害虫，须注意的是应采取菇房不同部位多点测温的方法，确保菇房各部位均匀达到巴氏消毒温度。然后，通过通风降温，使料温在48 ~ 52℃间维持4 ~ 6天，目的是促使嗜温细菌、放线菌和嗜温霉菌等高温有益微生物活动，促进养分转化，这是后发酵的主要阶段。控温发酵阶段结束后，停止加温，慢慢降低料内温度，降至45℃时，开门窗通风降温。后发酵结束后的优质培养料为暗褐色，柔软有弹性、有韧性、不黏手；无氨味而有发酵香味；含水量为62%~65%，手紧捏有2 ~ 3滴水；pH为7左右。

7. 品种选择、播种与发菌管理

后发酵结束后要及时进行翻动拌料、播种。应彻底翻动整个料层，抖松料块，使料堆、料块中的有害气体散发出去。当料温降至28℃左右时进行播种。播种前应全面检查培养料的含水量，并及时调整。

优良的菌株和优质的菌种是保障高产的关键。一定要在正规的有生产资质的菌种生产单位购买。各地应根据当地气候条件和市场要求选择品种。目前国内普遍应用的是由福建省农业科学食用菌研究所选育的杂交品种AS2796。该品种菇质优、抗逆性强，适合于罐藏或鲜销。

播种所用的工具应清洁，并用消毒剂进行消毒。播种量因栽培种的培养基质不同而不同，每平方米使用750毫升麦粒菌种1 ~ 1.5瓶，每平方米使用棉籽壳菌种为1.5 ~ 2瓶。采用混播加面播方法较好，菌丝封面快，长满料层时间短。其方法是：将总播种量的2/3菌种均匀地撒在料面，用手指将菌种耙入1/3深料层，再把余下的1/3菌种撒播在料面，然后压紧拍平培养料。

播种后的整个发菌期的管理主要是调节控制好菇房内的温度、湿度和通风条件。在播种后，菌种萌发至定植期，应关紧菇房门窗，提高菇房内二氧化碳浓度，并保持一定空气相对湿度和料面湿度，必要时地面浇水或在菇房空间喷石灰水，增加空气湿度，促进菌种萌发和菌丝定植；同时要经常检查料温是否稳定在28℃以下，如料温高于28℃，应在夜间温度低时进行通风降温，必要时需向料层打扦，散发料内的热量，降低料温，以防"烧菌"。播种3 ~ 5天后，开始适当通风换气，通气量的大小，要根据湿度、温度和发菌情况而决定。正常情况下，播种1周以后蘑菇菌丝即可长满料面，应逐渐加大通风，降低料表面湿度，抑制料表面菌丝生长，促进菌丝向培养料内生长。在播种后的发菌过程中，还须经常检查杂菌和螨类等发生情况，一旦发现应及时采取防治措施，以防扩大蔓延。

在适宜条件下，播种后20 ~ 23天菌丝便可长满整个料层，菌丝长满培养料后，应及时进行覆土。

8. 覆土及覆土后的管理

优良的覆土材料应具有高持水能力、结构疏松、孔隙度高和稳定良好的团粒结构。目前国内普遍应用的覆土材料为砻糠细土和河泥砻糠土，近年来也推广应用以草炭为主要基质的新型覆土技术，取得了良好的效果。无论是砻糠细土、河泥砻糠土，还是草炭覆土，必须进行严格消毒。有条件最好采用蒸汽消毒，通入 $70 \sim 75℃$ 蒸汽消毒 $2 \sim 3$ 小时。或在覆土前5天，每 110 米 ^{2} 栽培面积的覆土用 $3 \sim 5$ 千克甲醛，稀释 50 倍左右，均匀喷洒到覆土中，立即用塑料薄膜覆盖密闭消毒 72 小时以上。覆土前揭开薄膜让甲醛彻底挥发至无刺激味方可使用。

覆 土

当菌丝长满整个料层时，一般是播种后 $12 \sim 14$ 天，才能进行覆土。过早覆土，菌丝没有吃透料层，生长发育未成熟，不利于菌丝爬土，甚至不爬土，影响产量。过迟覆土，菌丝老化，出菇期延迟，不利于高产。要先覆粗土，数天后再覆细土。覆土厚度一般为料床的 $1/5$。

9. 出菇管理

从播种起大约 35 天就进入出菇阶段，产菇期 $3 \sim 4$ 个月。出菇期，菇房的温度应为 $16 \sim 18℃$，适宜空气相对湿度为 90% 左右，并应经常保持空气新鲜。出菇期应经常开门窗通风换气，以满足蘑菇生长的要求，当菇房内温度高于 $18℃$ 时，应在早晚气温低时加强通风，菇房内温度低于 $13℃$ 时，应选择午间气温高时通风。菇房内温度高于 $20℃$ 时，禁止向菇床喷水，每天在菇房地

出 菇

面、走道的空间、四壁喷雾浇水2～3次,以保持良好的空气相对湿度。为缓解通风和保湿的矛盾,可在门窗上挂草帘,并在草帘上喷水,这样在通风的同时,可较大限度地保持菇房内空气湿度,还可避免干风直接吹到菇床上。总之,整个出菇期管理的核心是正确调节好温、湿、气三者关系,满足蘑菇生长对温度、水分和氧气的要求。

10. 采收与储运

菌盖未开、菌膜未破裂时,及时采收。采收过迟不仅菇体过大,薄皮开伞菇增多,质量下降,同时消耗养分,影响下潮菇生长。采收前应避免喷水,否则采收后菇盖容易发红变色,影响质量。采收时,应轻采、轻拿、轻放,保持菇体洁净,减少菇体擦伤。采收后床面上的孔穴、菇根、死菇和碎片,不仅会影响新菌丝的生长,而且易腐烂和招致虫害的发生。所以,采后床面整理是保障稳产的关键。

随着对食品安全的日益重视,鲜蘑菇的化学漂白保鲜将受到越来越严格的限制,而采用冷链冷藏保鲜等安全保鲜技术是今后的方向。有条件的,采收后立即放入冷库预冷,采用冷链运输,及时运到市场销售,运输途中应防止挤压和震动。

采收结束后,及时清理废料,拆洗床架,进行一次全面消毒。栽培蘑菇的废料是一种良好的有机肥料,可用于蔬菜和花卉育苗的基质和肥料。

草菇栽培技术要点

1. 栽培时间的确定

在自然条件下,通常安排在5～9月,在日平均气温达到23℃以上时开始栽培,6月初至7月初栽培最为适宜。广东、海南等省份以4～10月较适宜。若菇房有加温设备,室温达到28～32℃,即可实现周年生产。

2. 场地选择

目前栽培方式主要有室外畦式栽培和室内床架式栽培两种。

室外畦式栽培是室外露地常用的一种栽培方式。其特点是成本低,灵活性强,操作简单。

室内床架式栽培,有的是利用蘑菇房床架,有的是改进香菇出菇架,有的是借鉴双孢蘑菇标准化菇房而建造。菇房应具有足够的散射光,一般底层床架离地50～60厘米,顶层离屋顶1米以上。层间距离60厘米,床架宽0.7～1.2米。床架式栽培可以高效利用生产空间,在草菇生产中广为采用。

3. 原料贮备

稻草尽量选用单季晚稻或连作晚稻草，并要求干燥、无霉烂。常用配方：

配方1：稻草500千克+石灰10千克；

配方2：稻草500千克+麦麸35千克+石灰粉10千克；

配方3：稻草500千克+干牛粪粉40千克+过磷酸钙5千克+石灰粉10千克。

根据培养料配方和生产规模，计算所需贮备原料数量。

4. 培养料的预处理和发酵

预湿：在水池或其他容器中加入石灰粉，调成2%石灰水，将稻草浸入水池3～6小时，让稻草充分湿透后捞出拌入其余辅料，然后在地面制成草堆并覆盖薄膜，使水分相互渗透均匀。

上架：将经过预湿的稻草铺放到床架上，采用覆瓦式铺料方法，厚度掌握在压实后25～30厘米。然后逐层淋水至每层有水滴下为度。稻草吸足水分是夺取高产的关键。稻草上架后，将四周塑料薄膜放下，以利保温。

巴氏灭菌：稻草上架后马上加温，可用蒸汽发生炉，也可用废汽油桶，让热蒸汽从床架底层向菇棚疏松扩散，使菇棚内室温达到66～75℃，中层料温达到63℃左右，保持8～10小时后停火。

5. 品种选择

一定要在正规的有生产资质的菌种生产单位购买。各地应根据市场要求选择品种，若喜欢深色的，可以选择V23，其缺点是抗逆性较差。若喜欢浅色的，可以选择屏优1号，适于中国南方室内外栽培。在稻草和棉籽壳上培养时，菌丝灰白色、浓密、粗壮。从接种到现蕾6～8天。

6. 播种和发菌管理

待料温降至38℃左右，抢温接种，随后盖上塑料薄膜1～2天，以免菌种失水。每平方米播种1～2袋，采用料面撒播、边缘点播相结合的方法，然后压实料面，覆盖无纺布，以保持床面培养料含水量。下种后，应密闭菇棚，保持菇棚室温30～34℃ 4天，以促进草菇菌丝发育旺盛，菌丝尽快长满培养料。播种后第5天，检查床面发菌情况，如菌丝已基本长满料，就必须采取以下四项措施，促进草菇原基形成：①降温。使菇房温度逐步降到28～32℃。②增加光照。草菇原基形成需要一定的散射光，促进菇床全面出菇。③通风。适当加大通风量，但禁用直接风吹入，应在通风处遮草帘。④加湿。在床面及菇棚内空间用喷雾器喷雾，提高空气湿度。

7.出菇管理

正常情况下，下种后6～7天菌丝开始扭结形成白色小菇蕾，这时应保持室温28～32℃，并喷雾增湿，保持空气湿度90%～95%。利用中午气温较高进行通风换气，每天通风时间控制在10～15分钟，防止直接风吹入床面。当菇棚室温低于27℃时应及时加温，这事关草菇栽培的成败。

8.采收

一般播种第10天开始有少量菇采收。采收要及时，菇形呈蛋形最适，一旦突破草菇外菌膜，就失去商品价值。采收时用手按住草料，以免损伤其他小菇或拉断菌丝。采收后及时清理床面或死菇，保持菇棚内温度30～32℃。空气湿度85%～90%，促进下潮菇的形成和发育。一般情况下，第一批菇占总产量的50%，第二批菇可收30%，第三批可收20%。整个栽培过程16～18天。

（四）注意事项

（1）在食用菌生产中，良种良法是获得稳产、高产的关键。其中，保障营养合理的培养料、选择优良品种和高质量菌种、创造满足食用菌适宜生长的温度、湿度、光照和通风等环境条件、做好病虫害预防和综合防治是生产中的四个核心环节。任何一个环节出现失误，都会导致绝产。

（2）培养料既要保障营养搭配合理，又要保障处理得当，给食用菌丰产创造物质基础。碳氮比是培养料配制的核心原则。在培养料搭配时既要兼顾营养合理，也要兼顾培养料的透气性、吸水性等物理性状适宜。

（3）良种是成功生产的基础，也是丰产的关键之一。所以，要确保食用菌种质量可靠。目前菌种良莠不齐，在生产中务必做好这一步。

（4）温度、湿度、光照和通风是保障食用菌苗壮生长的外部因素，尤其是温度、湿度和通风是相互关联，常常又是相互矛盾的，所以，在自然条件下栽培食用菌，对温度、湿度、光照和通风的调控要及时、灵活。

（5）在食用菌生产过程中，出菇时，绝对不能使用任何农药。所以，病虫害预防是食用菌生产的关键，综合防治是对策。正确处理培养料，彻底杀灭杂菌，减少污染源；在菇房内悬挂杀虫灯和诱虫板，控制虫害；当发生污染时，及时销毁处理；在通风窗口和门口增加防虫网，切断传播途径。

（6）在自然条件下，双孢蘑菇生产和草菇生产具有一定的区域性。根据当地气候条件，通过搭建简易菇棚，创造适宜双孢蘑菇和草菇生长的环境条件，

地气候条件，通过搭建简易菇棚，创造适宜双孢蘑菇和草菇生长的环境条件，已经不是一件难事。但是，若需要进行周年生产，菇房的建设需要较大的投入。

二、秸秆栽培木腐生菌类技术

（一）技术原理与应用

木腐生菌是指生长在木材或树木上的菌类。如香菇、黑木耳、灵芝、猴头、平菇、茶树菇等。玉米秸、玉米芯、豆秸、棉籽壳、稻糠、花生秧、花生壳、向日葵秆等均可作为栽培木腐生菌的培养料。随着棉籽壳价格的上涨，利用秸秆进行平菇栽培成为首选。

按照培养料配方配制培养基，装袋后灭菌，经冷却后接种，然后发菌培养，最后经出菇管理和采收，即可完成木腐生菌的栽培过程。

（二）技术流程

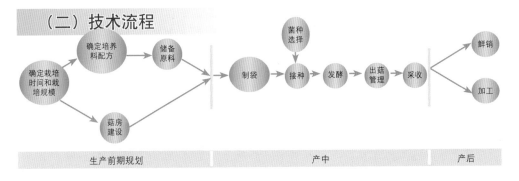

（三）技术操作要点

木腐生菌种类较多，对生长环境的要求不一。但栽培的环节比较相似。现以平菇栽培为例介绍如下。

1. 栽培时间的确定

平菇发菌时间一般为30天左右，发菌期核心问题是控温。对于一般场地，稍加改造即可满足这个需求。所以，生产者要根据当地的气候特点妥善安排播种期，以发菌完成后的60天内白天菇棚温度在8～23℃为宜。

2. 场地选择

平菇抗杂能力强，生长发育快，可利用栽培的环境比较多，如闲置平房、菇棚、日光温室、塑料大棚、地沟等。可因地制宜，以利于发菌，易于预防病虫害，便于管理，能充分利用空间，提高经济效益为基本原则。

3. 原料贮备

可用来栽培平菇的培养料种类很多，几乎农林业的废料都可作为平菇栽培的主料，如各类农作物秸秆、皮壳，树枝树杈、刨花、碎木屑等。栽培平菇的辅料也很多，麦麸、米糠、豆饼粉、棉仁饼粉、花生饼粉等都是平菇的很好氮源添加物。常用配方如下：

配方1：玉米芯80千克，麦麸18千克，石灰2千克。

配方2：玉米芯80千克，麦麸15千克，玉米粉3千克，石灰2千克。

配方3：玉米芯40千克，棉籽壳40千克，麦麸18千克，石灰2千克。

配方4：棉秆粉40千克，棉籽壳40千克，麦麸18千克，石灰2千克。

上述配方均要求料水比为1：1.3～1.4。

4. 品种选择

由于平菇栽培种类多，商业品种也多，性状各异，可以按照不同的用途划分品种的类型。栽培者应按照市场的需要选用性状不同的品种。

(1) 按色泽划分的品种　不同地区人们对平菇色泽的喜好不同，因此栽培者选择品种时常把子实体色泽放在第一位。按子实体的色泽，平菇可分为深色种（黑色种）、浅色种、乳白色种和白色种四大品种类型。其中，深色种（黑色种）：这类色泽的品种多是低温种，属于糙皮侧耳和黄白侧耳。深色种多品质好，表现为肉厚、鲜嫩、滑润、味浓、组织紧密、口感好。浅色种（浅灰色）：这类色泽的品种多是中低温种，最适宜的出菇温度略高于深色品种，多属于黄白侧耳种。色泽随温度的升高而变浅，随光线的增强而加深。乳白色种：这类色泽的品种多为广温品种，属于佛罗里达侧耳种。这类品种对光强敏感，在间接日光光源下子实体呈乳白色；在直接日光光源下要弱光条件才能呈乳白色，光照稍强就有棕褐色素产生；在灯光光源下乳白色甚至白色。这类品种菌盖较前两类稍薄，柄稍长，但质地致密，口感清脆。白色种：这类品种全部为中低温品种。子实体的色泽不受光照影响，不论光照多强，子实体均为白色。这类品种子实体柄极短，菌盖大，组织较致密。

(2) 按出菇温度划分的品种　从子实体形成的温度范围又可分为5个温度类型，即低温品种、中低温品种、中高温品种、广温品种和高温品种。

低温种：出菇温度范围3～18℃，最适温度10～15℃。低温种的特点是产量中等，品质上乘。特别是以其柄短肉厚，口感细腻、鲜嫩而备受青睐。

中低温种：出菇温度范围5～23℃，最适温度13～18℃。这类品种多属于糙皮侧耳和黄白侧耳两种。这类品种的特点是出菇快，转潮快，产量中等，品质上乘，口感柔软，耐运输。

中高温种：出菇温度范围8～28℃，最适温度16～24℃。这类品种多为佛罗里达种，或黄白侧耳与佛罗里达侧耳的单孢杂交种。其特点是菌丝抗杂能力强，生长浓密，发菌期较耐高温，产量上等。以子实体乳白色，口感清脆而备受消费者欢迎。

广温种：出菇温度范围8～32℃，最适温度18～26℃，这类品种多为白黄侧耳和糙皮侧耳。中国常用的品种有西德33、亚光1号、CCEF-89、99等。这类品种的特点是菌丝发菌期耐高温，抗杂能力强，菇形大，产量高，产孢少。

高温种：出菇温度在20℃以上。这主要是凤尾菇和糙皮侧耳种内的菌株。凤尾菇出菇最适温度20～24℃，糙皮侧耳的高温菌株可在24～26℃下出菇。

5. 常用和常见的栽培方式

（1）**地面块栽**　将培养料平铺于出菇场所的地面上，用模具或挡板制成方块，块的大小可根据场所的方便而定。大块栽培一般长60～80厘米，宽100～120厘米。小块栽培一般长40～50厘米，宽30～40厘米。这种栽培方式适用于温度较高的季节。优点是工效高，透气性好，散热性好，发菌快，出菇早，周期短。其不足是空间利用率较低。采用这一方法时，培养料最好要发酵。

地面块栽　　　　　　　　　　墙式袋栽

（2）**墙式袋栽**　这一方法是将培养料分装于塑料袋内，生料栽培或熟料栽培。这种方法栽培出菇期将菌袋码成墙状，打开袋口出菇。这一栽培方式的优点是空间利用率高，便于保湿，出菇周期长。其不足是透气性差、散热性差、发菌慢、出菇偏晚。因此，栽培中要注意较地面块栽多给予通风，菌袋要刺孔通气。

平菇抗杂菌能力强，但在高温季节墙式袋栽时，为了防治杂菌污染，避免药物防治的风险，最好熟料栽培。熟料栽培的培养料要高温灭菌，需在100℃常压下灭菌10～12小时。

6.培养料的预处理和发酵

先将原料粉碎至适宜的大小，如麦秸、玉米芯等，发酵前都要粉碎，不能整个秸秆使用。将其与各种辅料混合均匀，加水搅拌至含水量适宜后上堆，加盖覆盖物保温、保湿，每堆干料1 000～2 000千克。堆较大的中间要打通气孔。发酵期间要防雨淋。一般48～72小时后料温可升至55℃以上。此后，保持55～65℃ 24小时后翻堆，使料堆内外交换，再上堆，水分含量不足时可加清水至适宜。当堆温再升至55℃时计时，再保持24小时翻堆，如此翻堆3次即发酵完毕。发酵好的培养料有醇香味，无黑变、酸味、氨味、臭味。

7.地面块栽

地面块栽工艺流程为：

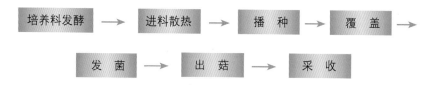

培养料发酵 → 进料散热 → 播种 → 覆盖 →

发菌 → 出菇 → 采收

（1）发酵　按上述方法进行培养料的发酵。

（2）进料　进料前要将发菌场地清理干净，灭虫和消毒。将地面灌湿，以利降温。发酵完毕后，将料运进菇棚，散开，使料温下降。

（3）播种　当料温降至30℃左右或自然温度即可准备播种。操作开始前要做好手和工具的消毒。播种多为层播，即撒一层料，撒一层种，三层料三层种，播种量以15%左右为宜，即每100千克干料用15千克菌种（湿重）。播种时表层菌种量要多一些，以布满料面为适。这样，既可以预防霉菌的感染，又可以充分利用料表层透气性好的优势，加快发菌，可有效地缩短发菌期，从而早出菇。

播种时要注意料的松紧度要适宜，过松时，影响出菇，过紧则影响发菌，造成发菌不良或发菌缓慢，甚至滋生厌氧细菌。

（4）覆盖　播种完毕后，将菌块打些透气孔，在表面插些小木棍，以将薄膜支起，便于空气的交换。再将薄膜覆盖于表面，注意边角不要封严，以防透气不良。

（5）发菌　地面块栽均为就地播种就地发菌。发菌期应尽可能地创造避光、通风和温度适宜的环境条件。发菌的适宜环境温度为20～28℃，发菌期每天要注意观察、调整。温度较高的季节要特别注意料温。料中心温度不可超过35℃。发现霉菌感染，及时撒石灰粉控制蔓延；表面有太多水珠时，要及时吸干。要通风透气，最好每天换气30分钟左右。温度较高的季节可夜间开窗或扒开中缝和掀开地脚。高温季节要严防高温烧菌和污染。主要措施是夜间通风降温，白日加强覆盖和遮阴。

（6）出菇期及其管理　在较适宜的环境条件下，经20～30天的培养，即可见到浓白的菌丝长满培养料。当表面菌丝连接紧实，呈现薄的皮状物时，表明菌体已经具备出菇能力，应及时调整环境条件，促进出菇。促进出菇的具体方法如下：

加大温差：夜间拉开草帘；加大空气相对湿度：每天喷雾状水3～5次；加大通风：每天掀开塑料薄膜1～2次；加强散射光照：每天早晚掀开草帘1～2小时。

当原基分化出可明显区别的菌盖和菌柄后，将塑料薄膜完全掀开，根据栽培品种出菇的适宜温度，控制菇房条件。一般而言，应保持温度12～20℃，空气相对湿度85%～95%，二氧化碳低于0.06%，光照50勒克斯以上。

（7）采收　在适宜环境条件下，子实体从原基形成到可采收5～6天。子实体要适时采收，以市场需求确定采收适期。如果市场需要的是小型菇，就要提早采收。采收时要整丛采下，注意不要带起大量的培养料，尽可能减少对料面的破坏。

采菇后，要进行料表面和地面的清理。之后，盖好塑料薄膜养菌。一般养菌4～6天后，即可出二潮菇。必要时可以补水。

8. 墙式熟料袋栽

墙式袋栽工艺为：

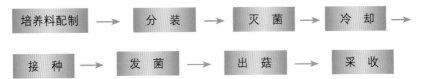

培养料配制　→　分　装　→　灭　菌　→　冷　却　→

接　种　→　发　菌　→　出　菇　→　采　收

（1）制袋　使用低压聚乙烯塑料袋，以直径17厘米，厚0.4～0.5毫米，长55厘米为宜。按上述配方将培养料加水混合搅拌均匀，配制好后立即分装。

分装要松紧适度,上下一致。分装好的袋子要整齐码放在筐中。

(2) **灭菌和接种** 分装后菌袋应整筐立即上锅灭菌。装锅时注意不可码放过挤,以免蒸汽循环不畅,灭菌不彻底。由于量大,一般不使用高压锅,而使用自砌的土蒸锅行常压灭菌。土蒸锅的大小以一次可装1 000千克干料量为宜,不宜太大。锅炉容量要充足,要求封锅后2小时内锅内物品下部空间达到100℃,维持锅内100℃ 10小时。

培养料装袋

灭菌后要冷却至料温30℃以下时方可接种。可在发菌场所菇棚直接冷却。菌袋搬入前场所要先行清扫除尘,地面铺消毒过的薄膜或编织袋,要整筐冷却。为了提高空间消毒效果,可在冷却的同时用气雾消毒盒进行空间消毒。一般大规模栽培时每锅灭菌1 000袋,冷却需要10小时以上。通常冷却至接种的适宜温度后,在菇棚接种。可以两头接种,也可以打孔接种。两头接种一般每袋栽培接种20袋左右,打孔接种可以接种30袋左右。

(3) **发菌** 发菌期要求条件与上述地面块栽相同。不同的是,菌袋不及菌块易于散热,因此,低温季节可以密度大些,以利升温,促进发菌;高温季节要密度小些,不可高墙码放,要特别注意随时观察料温并控制在适宜温度范围。发菌期管理要点是:每天观察温度,以便及时调整。温度较高的季节要特别注意料温,料中心温度不可超过35℃。菌丝长到料深3厘米左右后要翻堆,以利菌袋发菌均匀。菌丝长至1/3 ~ 1/2袋深时要刺孔透气。

(4) **出菇及其管理** 当菌袋全部长满后,要适当增加通风和光照,温度控制在15 ~ 20℃,空气相对湿度保持85% ~ 95%。当子实体原基成堆出现后,松开袋口,加盖塑料薄膜保湿。此时注意不可将子实体原基完全暴露在空气中。当中心子实体菌盖分化长到0.5厘米左右时,去掉塑料薄膜,将菇完全暴露在空气中。出菇期主要做好以下工作:

1) 控制好温度。在适宜的温度范围内,子实体生长速度正常、健壮,色泽和外形都正常,且产量较高。一般从原基出现至可采收6天左右,温度过低时，子实体生长缓慢，从原基出现至可采收需8天，甚至更长。但菌盖结实、肉厚，品质好，多数品种在低温下生长时菌盖色泽较深。温度过高时，子实体生长快，从原基出现至可采收仅需4～5天，但菌盖较薄，菌肉疏松，易碎不耐运输，品质下降，色泽变浅。高温还易招致病虫害的侵害。

出菇管理

2）保持适宜的空气相对湿度。在85%～95%的空气相对湿度下，平菇子实体生长正常，过高和过低都不利于其生长。空气相对湿度过高时，菌柄伸长较快，而菌盖伸展较慢，长出的菇形不好，甚至出现菌盖内卷的"鸡爪菇"。空气相对湿度过低时，菌盖易开裂，子实体生长缓慢，降低产量，品质差。甚至不能正常形成子实体原基，已经形成的原基不能分化，各发育时期的子实体都可能因干燥而枯萎死亡。

3）适当的通风和光照。通风和光照是平菇子实体形成和发育的必不可少的两个重要因素，通风不良和光照不足，都使子实体发育不良，形成柄长盖小的大脚菇，严重通风不良，二氧化碳浓度高时，原基不能分化，直至膨大成菜花状。良好的通风，可以促进子实体的生长，特别是菌盖的伸展。在良好的通风的状态下，菌盖大而厚，菇形好，且菌肉紧密结实，商品品质好，耐运输。多数品种子实体生长发育的适宜二氧化碳浓度在0.06%以下。光照适量时，子实体生长健壮，柄短盖大肉厚，色泽好。但光照不可过强，过强抑制子实体原基的形成。

4）及时补水。平菇子实体90%以上是水分，而且第一和第二潮菇产量较高，使用优良品种，在适宜的环境条件下，这两潮菇即可达生物学效率100%的产量。因此，多数情况下，出菇两潮以后培养料内严重缺水，若不及时补足将显著影响产量。料内的水分含量是平菇产量的重要决定因素。一般情况下两潮菇后需补水，但如果一潮菇产量很高，一潮菇后就要补水。补水至原重的80%～90%为宜，补水过多会延迟出菇。

（5）采收　根据市场要求确定采收时期。采收时要注意如下事项：

1）轻采轻放。较其他食用菌相比较，平菇菌盖大，边缘较薄，采收和包装过程中菌盖极易破裂和破碎，特别是在温度较高的季节。此外，在运输过程中还会出现新的破裂和破碎，所以，要保证上市质量，要尽量在采收和包装过程中不损坏菌盖。这就要求采收时要轻拿轻放，包装时顺向平放。另外，采收用的盛装容器不要太深，以免菇体挤压菌盖破裂。

采收与处理

2）采后清理。采后清理包括三个方面：一是清理菇体，去除污染；二是清理料面，去除菇根；三是清理地面，捡起随采收掉下的小菇和残渣废料。料面和地面不及时清理，易于滋生病杂虫害。

3）预防孢子过敏。多数人对平菇孢子有不同程度的过敏反应。因此采收时应戴口罩。在使用有孢品种时，采收前的预防非常必要，主要措施是及时采收和喷水通风。目前大量栽培的品种多是少孢或孢子晚释品种，适当早采可有效地预防孢子过敏。

（四）注意事项

（1）发菌不良　发菌不良的表现多种多样，主要有菌种萌发缓慢、生长缓慢，甚至不萌发，生长到一定程度不再生长；菌丝生长纤细无力，稀疏松散。属于第一种情况的，多是培养料含水量过大，透气性差，有的还由此而滋生了大量厌氧细菌，打开袋会有较强的酸味。这种情况需散开袋口并打孔通气，这样可有效地增加料中氧的供给，同时降低料的含水量。属于第二种情况的，多是菌种本身带有细菌或活力较弱，或发菌期透气不足，持续高温高湿，打开袋口有时有浓烈的恶臭味。属于菌种本身的问题很难补救，属于环境条件不适的要加强通风排湿和降温。这种情况发菌期要适当延长，不可过早给予出菇刺激。否则，将严重降低产量。

(2) **出菇推迟**　在生产中，有时发菌良好，却不及时出菇。这主要有以下几个方面原因：一是料中含水量不够。平菇子实体形成的适宜基质含水量为70%左右，若含水量亏欠太多则需要补水。二是通风不良或光照不足。发菌中平菇菌丝产生大量的二氧化碳，当通风不良时，料中沉积的二氧化碳不能及时散出，菇房的二氧化碳浓度也比较高。这种情况下要打开袋口或袋上打孔，块栽的每日掀动几次薄膜以增加氧气的进入，同时菇房加强通风，如此几日便可有菇蕾形成。光照不足，子实体形成也会推迟。实际生产中，为了及时出菇，可在菌丝长满前5～7天增加光照。

(3) **死菇**　死菇在较大量的栽培中是常见问题之一，特别是老菇房，死菇的原因很多，有的甚至起因不清。目前已知的死菇主要有以下三种情况：一是干死菇。表现为幼菇干黄，手用力捏时无水流出，含水量明显不足。这种情况多是湿度不够所致。菇房通风不当如直吹风，料内含水量不足和大气相对湿度过低或阳光直射都会引起干死菇。加强水分管理就会避免干死菇的发生。二是湿死菇。表现为幼菇湿呈水渍状，后变黄甚至腐烂，用手稍捏就有大量的水滴出。其主要原因是喷水过重，使幼菇子实体水分饱和而缺氧窒息而死。菇房内喷水过量同时通风不及时或菇根部积水常造成湿死菇。因此，适当的水分和通风管理会有效地解决湿死菇问题。三是黏死菇。表现为幼菇先是生长缓慢，继而渐渐变黄而湿，最后表面变黏。常出现在老菇房的第二潮及其以后。

(4) **畸形菇**　畸形菇发生的原因主要是通风不良，菇房二氧化碳浓度过高。其次空气相对湿度过高。敌敌畏的使用等也都能造成畸形菇的出现，严重时会出现二度分化。

(5) **黄斑菇**　黄斑菇是由假单胞杆菌引起的细菌性病害。这种病害常出现在第二潮菇以后，特别是灰色品种，在相对温度较低的条件下易发生。假单胞杆菌在自然届广泛存在，在菇房主要靠水流传播，在灰色品种、生料栽培、大水管理和通风不良的条件下发生。预防黄斑病需要综合防治，如采用熟料栽培、地面石灰消毒、适量给水、加强通风。

(6) **分化迟，生长慢**　在适宜的环境条件下，平菇各类品种现蕾后，次日即可见到表面有圆形的小钉头状物，2～3天即可分辨出白色的柄和灰色的盖，这表明环境条件适宜。如果从见到原基开始，几日后外形变化不大，不见柄和盖的分化，只是原基不断膨大，表明通气不良，应边通风边加强水分管理，以促分化。

（五）适宜区域

在自然条件下，平菇生产具有一定的区域性。根据当地气候条件和市场需求，选择不同种类和品种，通过搭建简易菇棚，创造适宜平菇生长的环境条件，在全国各地都能够栽培。

三、玉米秸秆基质绿色种植技术

（一）技术原理与应用

利用玉米秸秆为主要原料，辅以畜禽粪便，应用好氧堆肥技术，经高温堆制、无害化处理并根据作物生长特性，合理添加灰渣等材料加工成秸秆栽培基质，用以替代土壤进行绿色农产品生产。该模式在降低环境污染和资源浪费的同时，可为绿色种植提供大量成本低廉、养分充足、无农药病害残留的栽培基质，有效降低种植过程中农药和化肥施用量，解决了目前水稻和果蔬育苗生产上面临的"取土难、取土不安全，破坏耕地"等难题，实现了秸秆高值化利用。

（二）技术流程

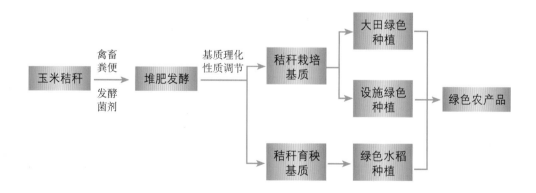

捡拾打包田间作业进行秸秆收集

畜禽粪便

高温堆肥

秸秆栽培基质

秸秆育秧基质

大田绿色种植

设施绿色种植

绿色水稻种植

绿色农产品

（三）技术操作要点

利用机械收集粉碎田间的玉米秸秆或将秸秆粉碎成10厘米以内的碎块，尽可能选择田边不用洼地、荒地和荒沟作为发酵场地。按秸秆和畜禽粪便4∶1的比例混拌均匀（比例可根据情况适当调整），撒施秸秆腐熟剂。肥堆的高度以1.5～2米为宜，待堆积完毕，堆面用3～4厘米厚泥土或塑料布封堆。适时翻堆。

腐熟的秸秆可直接用于大田或设施作物栽培，在有连作障碍的设施土壤上应铺设环保塑料薄膜，覆盖25～30厘米厚秸秆栽培基质即可满足作物种植要求。

将腐熟的秸秆粉碎至40～60目，加入灰渣将基质容重调节至0.5克/厘米^3，再添加一定量的保水、保肥、调酸剂等材料即可制成水稻育秧基质。

（四）设备选型

（1）条垛堆肥场地　发酵条垛4个，每个条垛长50米，宽2米，深1.2米，配套翻堆机1台和铲车1辆。

（2）其他　粉碎机、滚动筛、混料机和装袋机各1套，电动输送机3部。动力为220伏家用电和380伏动力电、柴油等。

（五）适宜区域

该模式适宜推广的区域为东北地区大部分粮食主产区。

（六）典型案例

公主岭市嘉农养殖农民专业合作社，2016年，利用该技术生产秸秆水稻栽培基质1 000吨，生产成本280元/吨，销售价500元/吨，实现利润总额为22万元。

第五部分 秸秆能源化利用

一、规模化秸秆沼气工程

（一）技术原理与应用

沼气是有机物在厌氧条件下经微生物分解发酵而生成的一种可燃性气体，其主要成分是甲烷和二氧化碳，此外还有少量的氢、氮、一氧化碳、硫化氢和氨等。沼气发酵广泛存在于自然界，江、河、湖、海的底层，沼泽、池塘、积水的粪坑，在这些地方常可看到有气泡从水底污泥中冒出，如将这些气泡收集起来便可以点燃。

通常情况下，沼气中的甲烷含量为50%～70%，二氧化碳含量为30%～40%，其他气体均含量很少。沼气中的主要可燃成分是甲烷，每立方米沼气的热值约21 520千焦，约相当于1.45米^{3}煤气或0.69米^{3}天然气的热值。

规模化秸秆沼气生产技术是指以农作物秸秆（玉米秸秆、小麦秸秆、水稻秸秆等）为主要发酵原料，单个厌氧发酵装置容积在300米^{3}以上，生产沼气、沼渣和沼液的技术。其中，沼气可通过管道或压缩装罐作为优质清洁能源可以向农户供气，也可以发电或烧锅炉，或者净化提纯后并入天然气管网或作为车用燃气；沼渣、沼液经深加工制成含腐殖酸水溶肥、叶面肥或育苗基质等，应用于蔬菜、果树及粮食生产，可有效提高农产品品质和产量，减少化肥使用量，增加土壤有机质。

（二）技术流程

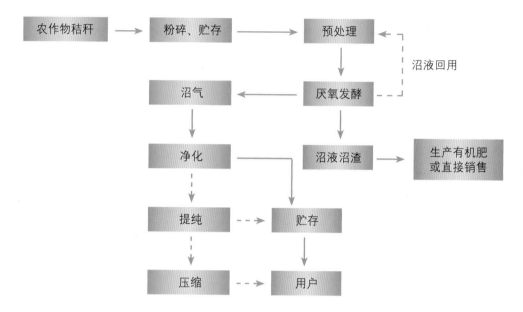

规模化秸秆沼气工程主要设备组成包括：

1. 原料收集与贮存设备设施

包括运输车、原料贮存池等。

2. 预处理设备设施

包括秸秆粉碎设备、调节池、集料池、搅拌设备以及配套厂房等。

3. 沼气生产设备设施

包括进出料设备、厌氧发酵装置、搅拌设备、回流设备、增温保温设施、避雷针、防火设施以及监控设备等。其中，增温保温设施宜优先考虑太阳能、风能、生物质能等多能互补形式，供热锅炉或其他热源需满足厌氧发酵装置在极端条件下的热量需求。

4. 沼气净化与贮气系统

包括沼气的脱水、脱硫和贮气装置、阻火器及工艺管道等。

5. 沼气提纯供气系统

包括压缩、脱水、脱硫、脱二氧化碳、罐装、配送和管网等。

6. 沼气利用设备设施

根据集中供气、发电、用作锅炉燃料、并入天然气管网或用作车用燃料等不同用途来确定，包括调压装置、输配气管网、分户计量表和户内灶具等；沼气发电机组、沼气锅炉等。

7. 沼渣沼液处理与综合利用系统

包括沼渣沼液分离设备、沼渣晾晒场（堆场）、沼肥贮存池、沼肥运输罐车、沼肥加工设备等。

8. 配套工程

包括供配电、自控系统、应急燃烧器、消防、给排水、避雷设施、管理房、工艺泵房、配电房、卫生间、道路、绿化、围墙等。

（三）技术操作要点

1. 秸秆贮存

农作物秸秆贮存设施的容积应根据秸秆特性、收获次数、消耗量等因素确定，通常以秸秆收获周期内需要消耗的秸秆量进行设计和贮存，以保证原料供应。自然堆放秸秆水分含量应小于18%，青贮秸秆水分含量控制在65%～75%。

2. 秸秆预处理

秸秆原料的预处理有物理、化学和生物等方法。其中：

（1）物理预处理　主要是利用机械、热等方法来改变秸秆的外部形态或内部组织结构，如机械剪切或破碎处理、蒸汽爆破、膨化等。

（2）化学预处理　使用酸、碱、有机溶剂等作用于秸秆，破坏细胞壁中半纤维素与木质素形成的共价键，破坏纤维素的结晶结构，打破木质素与纤维素的连接，达到提高秸秆消化率的目的，如酸处理、碱处理、氨处理和氧化还原试剂处理等。

（3）生物预处理　在人工控制下，利用一些细菌、真菌等微生物的发酵作用来处理秸秆，如青贮、白腐菌处理等。

秸秆青贮

3. 沼气生产

规模化秸秆沼气工程选用的工艺需根据原料特性及工艺特点，经技术经济分析比较后确定，要能适应两种或两种以上秸秆的物料特性及发酵要求。

秸秆沼气工程

4. 沼气净化与利用

沼气的净化一般包括脱水、脱硫和脱碳。选择净化方法时除了考虑成本外还应尽量考虑便于日常运行管理。目前大多数沼气工程采用的脱硫方法一般为化学干法脱硫（氧化铁脱硫法）和生物脱硫。沼气提纯主要是进行脱碳净化，即通过分离沼气中的二氧化碳提高甲烷含量，此外还需脱除沼气中的硫化氢和水分，使之满足最终使用要求。沼气脱碳技术多源于天然气、合成氨变换气脱碳技术，包括物理吸收法、化学吸收法、变压吸附法、膜分离法和低温分离法等。

沼气净化提纯设备

贮气柜的进气口和出气口处须设置阻火器和切断装置，安全防火间距需符合GB 50016—2018的有关规定，防雷设计符合GB 50057—2010的相关规定。

膜式贮气柜与干式贮气柜

固液分离设备

（四）注意事项

1.消防系统

场区消防系统应设计成环状管网，同时管网应与工程所在地消防系统与市政给水管网相接。在工程区域内应设置至少2座室外地下式消火栓。室内宜设置手提式干粉灭火器。

2.危险物料的安全控制

大中型秸秆沼气工程设计为密闭系统，使秸秆等可燃物料和沼气等易燃易爆气体处于密闭的设备和管道中，各个生产环节的连接处采用可靠的密封措施。秸秆的可燃物堆放场所的消防车道应保持畅通，消防工具应完备有效，周围地区严禁烟火；在沼气等易燃气体易聚集的场所，需设置可燃气体浓度报警器，并将报警信号送至控制室。

3. 建筑（构）物防雷

建筑（构）物为二类防雷建筑，建筑物的防雷装置应满足防直击雷、防雷电感应及雷电波的侵入，并设置总等电位联结。在厌氧发酵装置、楼房顶部均应作避雷带，凡突出屋面的所有金属构件均应与避雷带可靠焊接。

4. 应急疏散与火灾报警

建筑各走道、门厅、楼梯口均应设置疏散用应急照明，在疏散走道和门厅及消防控制室、消防泵房等应设置疏散标志灯，在建筑物通向室外的正常出口和应急出口等均应设置出口标志灯。

根据项目实际情况设置火灾报警和联动控制系统，覆盖整个项目区域。火灾报警电话：119。

5. 其他注意事项

大中型秸秆沼气工程及围墙外50米内严禁烟火和燃放烟花爆竹，醒目位置应设置"严禁烟火"标志。

（五）适宜区域

适合全国广大农村地区。可根据收集的农作物秸秆种类和特性，选择适宜的发酵工艺。

（六）典型案例

案例1：河北省青县秸秆沼气产业化综合利用

河北青县在秸秆沼气技术研究与工程应用等方面进行了多年研究，秸秆沼气工程技术已经成熟，成为可行、可靠、可发展的实用技术。目前青县已建成耿官屯村、东姚庄村、王胜武屯村、范官屯村、陈缺屯村5个秸秆沼气集中供气示范村，发酵罐总容积达到7 200米^3，5个村沼气工程满负荷运行后，年可生产沼气315万米^3，可满足8 000户以上居民用气，促进节支增收800万元；工程基本无沼液排出，产生的沼渣直接用于大田作物、果树、蔬菜、花卉底肥或追肥，实现有机农业生产。通过秸秆沼气工程的建设，有效解决了秸秆就地焚烧、乱堆乱放等问题，变废弃秸秆为宝物，促进了循环经济发展和农业节能减排，成为青县新农村建设的新亮点。

河北青县秸秆沼气工程

案例2：内蒙古赤峰元易农作物秸秆生产生物天然气及有机肥循环综合利用

随着农村用能形势的变化和沼气工艺技术的提升，近年来，各地出现了一批用于集中供气、发电并网及制取生物天然气的特大型沼气工程。其中，内蒙古赤峰市阿鲁科尔沁旗特大型沼气和村镇集中供气项目于2013年12月建成并投产运营，该项目由赤峰元易生物质科技有限责任公司建设，总投资3.2亿元，

阿鲁科尔沁旗规模化生物天然气项目全景图

主要生产原料为农作物秸秆，同时也处理城区的粪便、污泥和餐厨垃圾等废弃物。项目每年可以生产沼气1 752万米³，提纯出876万米³的甲烷。生产出的沼气除了供4万户城镇居民厨房、洗澡用外，还可以经过提纯压缩后输送到加气站，作为汽车燃料。同时，该项目每年能生产出5万吨生物肥料，可以施用到周边土地中，生长出的农作物秸秆又将成为沼气的主要生产原料，形成良性农业产业循环。

阿鲁科尔沁旗规模化生物天然气项目一期厌氧发酵罐

二、秸秆固体成形燃料及供热技术

（一）技术原理与应用

农业和林业生产过程中产生了大量的废弃物，例如，农作物收获时残留在农田里的农作物秸秆，农业生产过程中剩余的稻壳，林业生产过程中残留的树枝、树叶、木屑和木材加工的边角料等。这些废弃物松散地分散在大面积范围内、具有较低的堆积密度，给收集、运输、贮藏和大规模应用带来了困难。

由此，人们提出如果将农业和林业生产的废弃物压缩为成型燃料，提高能源密度，不仅解决了上述问题，而且可以形成商品能源。

秸秆固体成形燃料是指利用木质素充当黏合剂将松散的秸秆等农林剩余物挤压成颗粒、块状和棒状等成形燃料，具有高效、洁净、点火容易、二氧化碳零排放、便于贮运和运输，易于实现产业化生产和规模应用等优点，是一种优质燃料。使用时火力持久，炉膛温度高，燃烧特性明显得到了改善，是生物质能主要发展方向之一。

颗粒状 　　　　　　　　 柱 状

棒 状 　　　　　　　 机制木炭

秸秆固体成形燃料

我们都知道，秸秆主要由纤维素、半纤维素和木质素组成。木质素为光合作用形成的天然聚合体，在植物中的含量一般为15%～30%。木质素不是晶体，没有熔点但有软化点，当温度为70～110℃时开始软化，具有一定的黏度；在200～300℃呈熔融状、黏度高，此时施加一定的压力，增强分子间的内聚力，可将它与纤维素紧密黏接并与相邻颗粒互相黏结，使植物体变得致密均匀，体积大幅度减少，密度显著增加。

秸秆固体成形燃料可为农村居民提供炊事、取暖用能，也可以作为农产品加工业（粮食烘干、蔬菜、烟叶等）、设施农业、养殖业等不同规模的区域供热燃料，另外也可以作为工业锅炉和电厂的燃料，替代煤等化石能源。

（二）技术流程

1. 生产技术

农林废弃物的固体成形技术按生产工艺分为黏结成形、压缩颗粒燃料和热固体成形工艺，可制成棒状、块状、颗粒状等各种成形燃料，固体成形的工艺流程如下：

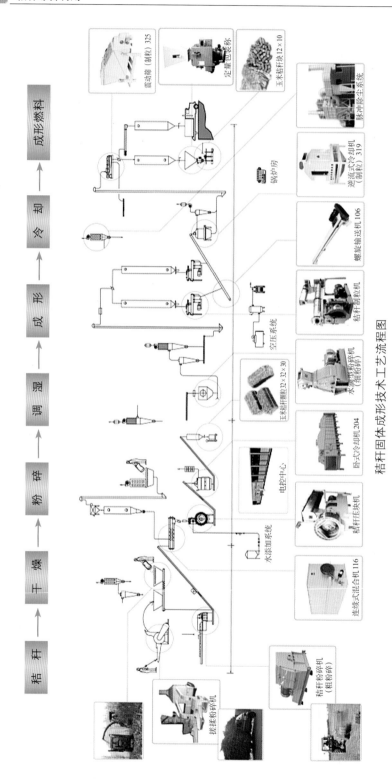

秸秆固体成形技术工艺流程图

2.应用技术

（1）农村居民生活用能　根据用途的不同，秸秆固体成形燃料炉具可分为炊事炉、采暖炉和炊事采暖两用炉；根据使用燃料的规格不同，可分为颗粒炉和棒状炉；根据进料方式的不同，可分为自动进料炉和手动炉；根据燃烧方式的不同，可分为燃烧炉、半气化炉和气化炉。

生物质炊事炉

1）生物质炊事炉。主要用于家庭做饭，采用上吸式气化技术（逆流式气化），空气经一次风从灰室的炉栅处吸入，从下向上通过燃烧层，燃料从炉口顶部一次加入炉膛，也可边燃烧边添料。在炉膛内沿气化高度，生物质气化过程主要分为三层：热分解层、还原层、氧化层。

2）生物质炊事采暖炉。其采暖、炊事可自由切换，炊事能力强、采暖效果好。适用于生物质块状燃料及其他木块、木棒和玉米芯等农林废弃物。其特点是热效率高，热烟气冲刷受热面充分，传热效率大大提高；燃料和灰渣全封闭在炉箅及贮灰室中，气化室内可燃气体易于充分燃烧，真正达到节能环保的目的；操作简便，一次加料长时间连续燃烧、不耗电、无噪声、常压运行、安全可靠。

生物质炊事采暖炉

（2）工业用途

1）生物质颗粒燃料自动燃烧器。针对生物质颗粒成形燃料的种类、热值、灰分含量、颗粒尺寸和加热系统，各国也分别开发了不同的采暖炉和热水锅炉，而且可以应用配套的自动上料系统，它使用的燃料尺寸较为单一、均匀，因此可以实现连续自动燃烧，燃烧效率通常能达到86%以上。通过与不同用途的设备（例如锅炉、壁炉、热风炉等）配套使用，燃烧器可以应用到取暖、炊事、干燥等各个领域。

2）生物质固体成型燃料专用锅炉。生物质现代化燃烧技术主要分为层燃、流化床和悬浮燃烧3种形式。

在层燃方式中，秸秆等生物质平铺在炉排上形成一定厚度的燃料层，进行干燥、干馏、燃烧及还原过程。空气（一次配风）从下部通过燃料层为燃烧提

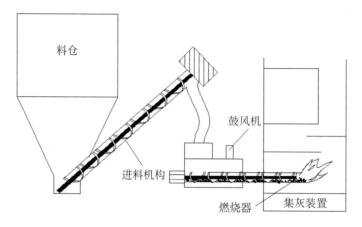

典型生物质颗粒燃烧器示意图

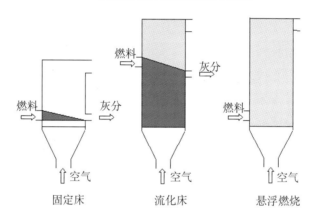

生物质燃烧技术示意图

生物质锅炉外形图

供氧气，可燃气体与二次配风在炉排上方的空间充分混合燃烧。可采用单锅筒纵置式卧式水火管热水锅炉，燃烧设备为链条炉排。炉膛左右两侧水冷壁为辐射受热面，炉膛两翼为对流受热面，锅炉主机外侧为立体形护板外壳。与燃煤锅炉结构不同，此生物质燃料锅炉通过在炉膛内设计布置的二次风，扰动烟气动力工况，及时补充氧气燃尽挥发份，提高热效率并减少排放。

（三）技术操作要点

1. 干燥

生物质的含水率在20%～40%，通过自然晾晒或烘干方法进行干燥，滚筒干燥机进行烘干，将原料的含水率降低至8%～10%。如果原料太干，压缩过程中颗粒表面的碳化和龟裂有可能会引起自燃；而原料水分过高时，加热过程中产生的水蒸气就不能顺利排出，会增加体积，降低机械强度。

2. 粉碎

木屑及稻壳等原料的粒度较小，经筛选后可直接使用。而秸秆类原料则需通过粉碎机进行粉碎处理，通常使用锤片式粉碎机，粉碎的粒度由成形燃料的尺寸和成形工艺所决定。

3. 调湿

加入一定量的水分后，可以使原料表面覆盖薄薄的一层液体，增加黏合力，便于固体成形。

原料预处理

压块成形生产线

颗粒成形机

压块成形

4. 成形

生物质通过固体成形，一般不使用添加剂，此时木质素充当了黏合剂。生物质固体成形的设备一般分为螺旋挤压式、活塞冲压式和环模滚压成形。

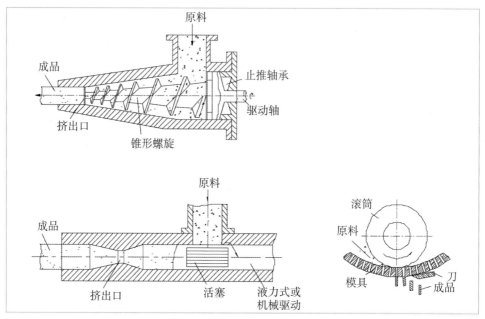

秸秆固体成形燃料成形设备类型

（四）注意事项

1. 秸秆固体成形燃料质量分级

我国生物质成形燃料技术的开发已有30多年的发展历史，生物质固体燃料技术已初具规模。但由于缺少产品质量标准，用户无章可循，假冒伪劣的现象较为严重，如部分企业使用秸秆等高灰冒充木质低灰燃料等，用户苦不堪言，造成了社会上普遍误解"清洁燃料不清洁"等问题。

目前，国家能源局发布了《生物质成形燃料质量分级》（NB／T 34024—2015）能源行业标准。在标准中，根据我国生物质成形燃料产业实际情况，将生物质成形燃料按照原料来源分为农业和林业，并相应分为1级、2级和3级3个级别，分别对应优秀、良好和合格等3个等级。

2. 生物质固体成形燃料专用锅炉污染物排放

目前，对秸秆生物质固体成形燃料的大气污染物排放还存在一定争议。如

2014年北京市、广西南宁市等地相继出台"高污染燃料禁燃区划定方案"等政策，也将生物质成形燃料列入高污染燃料的范畴，严重地制约了产业的发展。2017年，环境保护部在《高污染燃料目录》中明确鼓励发展生物质成形燃料，仅在第Ⅲ类最严格的管控要求下，对生物质成形燃料的燃用方式进行了规范，即要求必须在配置袋式除尘器等高效除尘设施的生物质成形燃料专用锅炉中燃烧。

（五）适宜区域

生物质固体成形燃料适用于粮食主产区或农产品加工厂附近，即农作物秸秆或农产品加工废弃物资源量大的区域。此外，也可用于林业资源丰富的区域，木材加工厂附近区域等。

（六）典型案例

1. 农业部生物质固体成形燃料示范工程

（1）*项目概况*　2007年农业部规划设计研究院在北京市大兴区礼贤镇建设的农业部生物质固体成形燃料示范工程。项目总投资490万，中央预算内投资350万元，地方配套140万。

北京大兴农业部生物质固体成形示范项目

（2）**主要技术**　建设生物质成形颗粒生产线和块状生产线各1条，以玉米秸、豆秸、花生壳、棉秆、木屑等生物质为原料，年产1万吨生物质成形燃料，包括玉米秸秆颗粒、棉秆颗粒以及玉米秸秆块状燃料等。

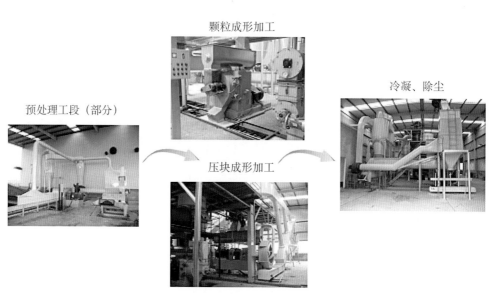

北京大兴农业部生物质固体成形燃料示范工程工艺流程图

完成了两条秸秆等生物质固体成形燃料生产线的建设，形成了年产1万吨的秸秆固体成形燃料生产能力。其中，一条颗粒燃料生产线，年生产能力达到5 000吨；另一条压块燃料生产线，年生产能力达到5 000吨。完成秸秆固体成形燃料应用示范户150户，供应北京市大兴区蔬菜、水果大棚50个，满足其冬季采暖用能面积总计3万米^2，并有近3 000吨秸秆固体成形燃料销售到北京郊区或出口到韩国用作壁炉、锅炉以及生物质发电厂燃料。

针对秸秆规模化收集、贮存和运输技术难度大、成本高等突出问题，初步探索了适宜北京南郊地区的"农户+经纪人+燃料厂"等秸秆原料的收集、贮存和运输模式，形成了每年1万吨的原料收贮运供给能力。尝试了固体成形燃料生产、配送和应用的运作模式，为规模化利用秸秆做了非常有益的实践。

（3）**效益分析**

1）经济效益。生产每吨固体成形燃料的成本包括原料费、燃料动力费、人工费及其他费用。其中，原料费170元/吨，燃料动力费84元/吨，人工费50元/吨，设备维护费用25元/吨，管理费20元/吨，合计生产每吨固体成形燃料的成本为349元。每吨固体成形燃料的市场价格平均为400元/吨，则每吨的经济效益为51元。年产1万吨固体成形燃料，每年的直接经济效益为51万元。

2）社会效益。本项目的一条产业化生产线需要操作工人20人，这些工人一般直接来自于当地，按照日工资平均水平80元计算，年均收入可达2.4万元。既为当地增加了直接就业机会，又可增加其经济收入。此外，秸秆的收集、贮存和运输等收购环节，可以间接带动当地的一部分劳动力参与到这个行业中来，直接为当地农民增收180万元，有效带动当地社会经济的发展。

3）生态环境效益。本项目每年可加工生产农作物秸秆等农林剩余物12 000吨，可替代煤炭约7 000吨。从而可以实现：减少二氧化碳排放14 000吨、二氧化硫41吨、烟尘100吨、灰渣3 500吨。

2. 山东肥城生物质成形燃料供热示范工程

在山东省肥城市六和经纬有限公司建成生物质供热系统，包括CDZL0.7-85/60-T生物质锅炉、自动上料机构、料仓等设备。可实现自动装料，供暖面积6 000米²。

CDZL0.7-85/60-T生物质锅炉采用水平链条炉排的结构设计，进料全部实现自动控制和远程监控。在配风方面设有一次风机和二次风机，使燃料燃烧更加充分。水平送料和炉排的运行速度可根据实际需要进行调节；料仓贮料量可供系统连续运行4天左右，料仓装料配备斗式提升机，实现自动进料；料仓底部配置自动上料机构，为燃烧机自动输送燃料。

山东肥城生物质成形燃料供热示范工程

经检测，以秸秆颗粒为燃料时，CDZL0.7-85/60-T生物质锅炉两工况平均出力为612.35千瓦，平均热效率达77.03%（折合燃烧效率为96.82%），实测烟尘排放浓度为7.9毫克/米^3，烟气黑度小于林格曼1级，实测SO_2排放浓度为小于5毫克/米^3，NOx排放浓度为190毫克/米^3，主要技术经济指标均已达到或超过国家标准。

烟气净化系统

三、秸秆气化技术

（一）技术原理与应用

　　生物质气化集中供气系统是20世纪90年代以来在中国发展起来的一项新的生物质能源利用技术。它以自然村为单元，通过管网输送，系统规模地分配生物质燃气到用户的家中，为农村居民提供炊事用能。

　　该技术是以生物质为原料，以氧气（空气、富氧或纯氧）、水蒸汽或氢气等作为气化剂（或称气化介质），在高温条件下通过热化学反应将生物质中可燃的部分转化为可燃气的过程。生物质气化时产生的气体，主要有效成分为一氧化碳、氢气和甲烷等，称为生物质燃气。

（二）技术流程

集中供气系统的基本模式为：以自然村为单元，系统规模为数十户至数百户，设置气化站（气柜设在气化站内），敷设管网，通过管网输送和分配生物质燃气到用户的家中。

集中供气系统中包括原料前处理（切碎机）、上料装置、气化炉、净化装置、风机、储气柜、安全装置、管网和用户燃气系统等设备，秸秆气化集中供气系统如图所示。

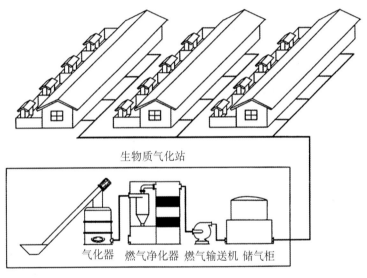

生物质气化站

气化器　燃气净化器　燃气输送机　储气柜

生物质气化集中供气系统示意图

（三）技术操作要点

秸秆类原料首先用切碎机进行前处理，然后通过上料机构送入气化炉中。秸秆在气化炉中发生气化反应，产生粗煤气，由净化系统去除其中的灰分、炭颗粒、焦油和水分等杂质，并冷却至室温。经净化的生物质燃气通过燃气输送机被送至贮气柜，贮气柜的作用是贮存一定容量的生物质燃气，以便调整炊事高峰时用气，并保持恒定压力，使用户燃气灶稳定地进行工作。气化炉、净化装置和燃气输送机统称为气化机组。贮气柜中生物质燃气通过管网分配到各家各户，为保证管网安全稳定地运行，需要安装阀门、阻火器和集水器等附属设备。用户的燃气系统包括室内燃气管道、阀门、燃气计量表和燃气灶，因生

物质燃气的特性不同，需配备专用的燃气灶具。用户如果有炊事的需求，只要打开阀门，点燃燃气灶就可以方便地使用清洁能源，最终完成生物质能转化和利用过程。

进　料

（四）注意事项

生物质气化集中供气系统在使用时，应注意以下问题：

（1）一氧化碳中毒　秸秆气化一氧化碳含量约20%，有可能带来安全隐患。

（2）二次污染问题　粗燃气含有焦油等有害杂质，采用水洗法净化过程中会产生大量含有焦油的废水，如果随意倾倒，就会造成对周围土壤和地下水的局部污染。如何处理好这些污染物，不使这些污染物对环境造成更为严重的二次污染，是秸秆气化集中供气系统所面临的突出问题。

（3）减少燃气中的焦油含量　由于系统的规模较小，对生物质燃气中焦油净化的并不完全，已净化燃气中焦油含量比较高，在实际使用过程中，给系统长期稳定运行和用户使用带来了问题。

（五）适宜区域

秸秆气化集中供气系统适用于秸秆资源丰富地区，以自然村为单元为村民提供炊事用能。考虑到运行成本高，通常要求村经济情况较好，能够承担长期无盈利运行。

（六）典型案例

XFF系列固定床气化集中供气系统为我国研究设计，在1994年10月在山东省桓台县陈庄镇东潘村建设全国第一个农村秸秆气化集中供气示范工程，现已形成了系列产品。

（1）**工艺技术路线**　XFF系列固定床气化集中供气系统是以秸秆为主要原料，以自然村为生物质能源转换和炊事燃气供应的单元。由生物质气化站、燃气输配管网和用户室内设施3部分所组成。其核心设备是气化站内的XFF型固定床生物质气化机组，由以秸秆为原料的下吸式固定床气化炉、燃气净化装置和适合于输气距离在1千米以内的风机所组成。燃气净化装置包括两级旋风除尘器、一级管式冷却器、除焦油和箱式过滤器。气化炉至风机前为负压系统。燃气输配管网由聚丙烯或聚乙烯塑料管连接而成。用户室内配有活性炭燃气滤清器、燃气流量表、低热值燃气灶和低热值燃气热水器，具体工艺流程如下：

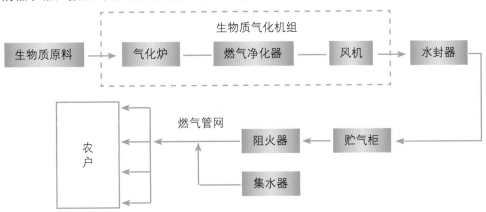

XFF系列固定床气化集中供气系统工艺示意图

（2）**技术指标**　XFF系列固定床气化集中供气系统技术指标见下表。

XFF系列气化集中供气系统技术指标

机组型号	XFF-1000	XFF-2000
输出功率（兆焦/小时）	1 000	2 000
产气量（米³/小时）	200	400
燃气热值（千焦/米³）	5 000	5 000
气化效率（%）	72	72
气体焦油含量（毫克/米³）	20	20
用户数量	100~130	130~250

注：燃气成分为CO 20%、H_2 15%、CH_4 2.0%、CO_2 12%、O_2 1.5%、N_2 49.5%。

（3）经济性评价　秸秆气化集中供气系统建设以自然村为单位，典型规模为100户、200户和300户。现选择200户规模为例进行经济性分析，以每户燃气消耗量为5米^3/天，峰荷时要保证每户不低于2米^3/时燃气量，并要求全天恒定供气。系统选用XFF-2000型气化机组和250米^{3}容积的贮气柜。200户系统初投资和年运行费用见下表。

200户规模集中供气系统初投资（1997年）

供气系统初投资	估算值（万元）	所占比例（%）
土地费	0.84	1.8
土建费	6.40	14.4
机组设备及安装	11.3	25.4
储气柜	12	27.0
管网及附件	7.62	17.1
户内设备	4.7	10.6
其他	1.65	3.7
合计	44.51	100
平均每户投资	0.223	

系统年运行费用（1997年）

项　　目	数　　值
年产气量（千米^3）	365
年人工费（万元）	1.46
年动力费（万元）	0.37
年原料费（万元）	1.10
年运行费合计（万元）	2.93

一个200户秸秆气化集中供气系统的初投资约45万元，年运行费约3万元，单位燃气成本为0.23元/米^3。农户月燃气费用为34元，比使用省柴灶和户用灶气都要贵，与使用蜂窝煤的费用相当，但比使用液化气便宜40%。

秸秆气化供气系统—贮气柜

秸秆气化供气系统—气化机组

四、秸秆热解炭化（炭气油多联产）技术

（一）技术原理与应用

秸秆热解炭化是将秸秆经烘干或晒干、粉碎，然后在制炭设备中，经干燥、干馏、冷却等工序，将松散的农作物秸秆制成木炭的过程。通过秸秆炭化生产的木炭可称之为机制秸秆木炭或机制木炭。

在传统木炭生产逐渐萎缩的形势下，秸秆炭化拓展了木炭生产的原料来源。通过秸秆炭化生产机制秸秆木炭，不仅可减少木材消耗，而且原料丰富，原料成本低，在炭的质量上也远胜于用传统的焙烧方式生产的木材木炭。优质的秸秆木炭可用于冶金业、化工业、纺织印染业等。

近年来，全球气候日益变暖，已成为当今影响深远的全球性环境问题之一。根据观测到的变化，过去30年的人为变暖已在全球尺度上对许多自然和生物系统产生了可辨别的影响，近年来极端气候事件频繁发生，给人类社会生产、消费和生活方式以及生存空间等社会发展各个领域都带来了巨大影响。造成大气中温室气体浓度急剧增高原因主要是化石燃料燃烧、农业和土地利用的变化以及工业生产过程中等引起的，这些矿物燃料在燃烧的过程中产生了大量的二氧化碳等气体，目前大气中集聚的二氧化碳含量已达到了65万年来的最高水平，且浓度仍在不断增加。

生物炭是指生物质（如农作物秸秆、稻壳、木屑等）在缺氧及低氧环境中经热裂解后的固体产物，大多为粉状颗粒，是一种碳含量极其丰富的炭。在农业领域，农业废弃物生物炭转化和应用作为一种农业增汇减排技术途径，其研究和开发的价值得到不断发展，主要包括作为土壤改良剂、肥料缓释载体及碳封存剂等。生物质的热裂解及气化均可产生生物炭，同时还可获得生物油及混合气。生物油及混合气可升级加工为氢气、生物柴油或化学品，这有助于减轻对化石能源或原料的依赖。

由于生物炭可以稳定地将碳元素固定长达数百年，其中的碳元素被矿化后很难再分解，为了应对全球气候变化，生物炭正在成为人们关注的焦点，不少人认为在土壤中添加生物炭是一种"气候变化减缓"战略和恢复退化土地的方式，但还存在一定的争议。

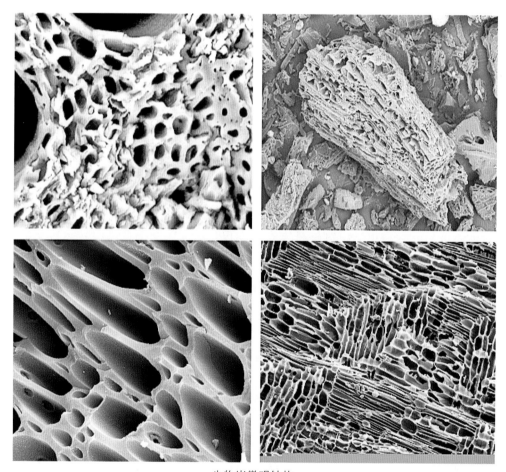

生物炭微观结构

秸秆热解的产物除生物炭外，还可获得木醋液、热解气和焦油等副产品。100千克的秸秆能够生产生物炭30千克、木醋液50千克、热解气30米^3。

从热解设备导出的蒸汽气体混合物经冷凝分离后，可以得到液体产物（粗木醋酸）和气体产物（不凝性气体或热解气）。粗木醋酸是棕黑色液体，除含有大量水分外，还含有200种以上的有机物。其中一些化合物包括饱和酸、不饱和酸、醇酸、杂环酸、饱和醇、不饱和醇、酮类、醛类、酯类、酚类、内酯、芳香化合物、杂环化合物以及胺类。

热解时得到的粗木醋酸液澄清时分为两层，上层为澄清木醋酸，下层为沉淀木焦油。澄清木醋酸是从黄色到红棕色的液体，有特殊的烟焦气味，主要含有80%～90%的水分和10%～20%的有机物。澄清木醋酸进一步加工处理可得到醋酸、丙酸、丁酸、甲醇和有机溶剂等产品。同时，木醋液作为一种天然的农业生产资料，对人畜无毒副作用，是民用化学品和农用化学品的理想替代物，具有防虫、防病、促进作物生长之功效，可用于养殖和公共场所的消毒、除臭等，用于蔬菜、水果等农作物的病虫害防治效果明显，并可生产出无公害农产品。木醋液作为叶面肥，可增进作物根部与叶片的活力，减缓老化，降低果实酸度，延长果实贮藏时间，提高风味；防治土壤与叶片上一些病虫害，促进土壤有益微生物的繁殖；增加农药效果等。

沉淀木焦油是黑色、黏稠的油状液体，其中含有大量的酚类物质，经加工可得到杂酚油、木馏油、木焦油抗聚剂和木沥青等产品。

秸秆热解过程中产生的可燃气主要成分为二氧化碳、一氧化碳、甲烷、乙烯和氢气等，其产量与组成因温度和加热速度不同而各异，可为热解反应提供热源，或用于供暖，为农村居民提供生活用能、发电等用途。

（二）技术流程

1. 生物质热裂解

将农作物秸秆通过低温热裂解工艺转化为富含稳定有机质的炭质混合物。生物炭在生产过程中无额外能源消耗、无污染物产生，是一种低碳、环保、有效的作物秸秆处理技术，其产品，即生物炭本身无毒、无害和无污染，是低碳农业的新生产资料。

秸秆热裂解设备再生产生物质炭的同时，将产生的秸秆气经过净化、调质等工艺进行回收利用，同时净化回收秸秆焦油、醋液和甲醇等副产品。

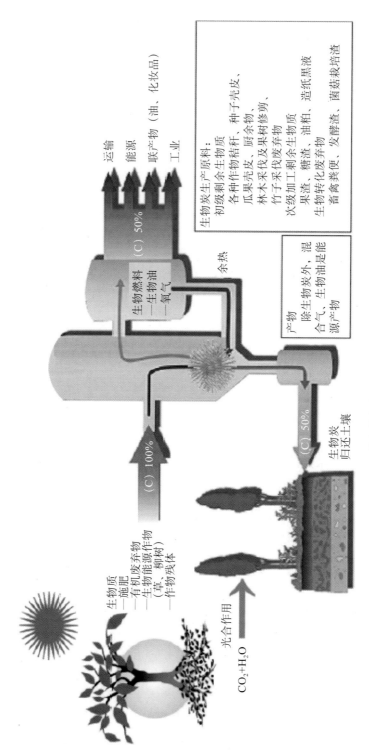

秸秆热解炭化技术流程图

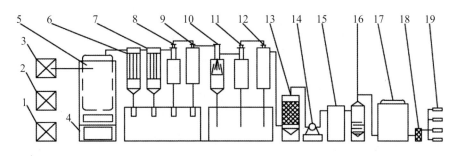

秸秆热解碳化系统生产工艺与主要设备

1.粉碎设备　2.烘干设备　3.成形设备　4.加热炉　5.干馏釜　6.级降温器　7.二级降温器　8.初分器　9.二分器　10.碱洗塔　11.三分器　12.四分器　13.过滤器　14.燃气排送机　15.气水分离器　16.水封　17.贮气柜　18.阻火器　19.燃气用户

　　根据加热方式的不同，我们可以把秸秆热解反应器分为外热式、内热式和内燃式。

　　当热量通过反应器壁面传给秸秆称为外热式。外热式热解炭化炉包含加热炉和热解炉两部分。由外加热炉体向热解炉体提供热解所需能量。加热炉多采用管式炉。外热式热解反应器的优点是：温度控制方便、精确，可提高生物质能源利用率，改进热解产品的质量。其缺点：一是需要消耗其他形式的能源。二是由于外热式固定床热解炭化炉的热量是由外及里传递，通过炉壁表面上的热传导，不能保证不同形状和粒径的原料受热均匀。

　　热量通过载热体进入反应器内与秸秆直接接触称为内热式。内热式工艺克服了外热式的缺点，借助热载体把热量直接传递给原料，受热后的生物质发生热解反应。根据供热介质不同又分为气体热载体和固体热载体。气体热载体热解炉通常是将燃料燃烧的烟气引入热解室。固体热载体热解工艺则利用高温半焦或其他的高温固体物料与生物质在热解室内混合，利用热载体的显热将生物质热解。与气体热载体热解工艺相比，固体热载体热解避免了生物质热解析出的挥发产物被烟气稀释，同时降低了冷却系统的负荷。

　　内燃式其燃烧方式类似于传统的窑式炭化炉，需在炉内点燃生物质燃料，依靠燃料自身燃烧所提供的热量维持热解。内燃式热解炉与外热式的最大区别是热量传递方式的不同，外热式为热传导，而内燃式炭化炉是热传导、热对流、热辐射3种传递方式的组合，热解过程不消耗任何外加热量，反应本身和原料干燥均利用生物质自身产热，热效率较高。其缺点是：生物质物料消耗较大，且为了维持热解的缺氧环境，燃烧不充分，升温速率较缓慢，热解终温不易控制。

典型秸秆热解炭化装置

2. 生产炭基肥

以炭质混合物为介质生产炭基肥料颗粒。将生物质炭与传统和化学肥料按照一定的比例混合造粒，制成生物质炭基肥，是目前生物质研究的热点，也是未来生物质炭农业利用的重要发展方向。生物质炭不仅解决了炭去向问题，还能够真正实现秸秆资源的农业循环利用。

生物炭基肥可以分为生物炭基有机肥、生物炭基无机肥、生物炭基有机无机复合肥三大类型。生物炭基有机肥，是指生物质炭粉与有机肥合理配伍从而形成的生态型肥料；生物炭基无机肥，是指生物质炭粉与无机肥合理配伍从而形成的生态型肥料；生物炭基有机无机复合肥，是指生物质炭粉与有机无机复合肥合理配伍从而形成的生态型肥料。

生物炭基肥产品

生物炭基肥生产工艺主要以炭质混合物为介质生产炭基肥料颗粒。将生物炭与化学肥料或传统有机肥等按照一定的比例混合造粒，从而制成生物炭基肥。生产工艺主要分为：掺混法、吸附法、包膜法和混合造粒法等。

3.还田

将炭基肥料通过机械化耕作方式返回农田，改善土壤结构及其他性状，实现秸秆在农业生产过程中的内循环。与传统的化学肥料不同，生物质炭基肥不但能够提供作物生长所必需的养分，还能够延长肥效，起到缓释作用，减少土壤养分流失，避免对水体环境造成污染。

（三）技术操作要点

1.原料准备

根据秸秆炭化要求贮备原料。如果以固化秸秆为原料，必须配备必要的秸秆固化设备，并按照工艺对秸秆进行固化。生产1吨木炭需要固化成形秸秆3吨，原秸秆4吨。

2.切碎

粒度较小的秸秆经筛选后可直接使用。对于较长的秸秆，要利用铡切机切成长短适中的原料。

3.干燥

秸秆直接炭化，可对原料进行自然干燥、人工干燥或烘干，一般要求原料的含水率低于20%。烘干的热源可利用秸秆炭化过程中产生的煤气（又称秸秆气）。

4.干馏

秸秆干馏过程就是秸秆的热解炭化过程。秸秆干馏设备即干馏釜，根据加热方式的不同，可分为内热式和外热式。热量通过釜壁传给秸秆称为外热式，热量通过载热体进入釜内与秸秆直接接触称为内热式。根据釜的形式不同可分为卧式和立式，根据操作方式的不同可分为连续式和间歇式。

5.冷却

干馏产生的蒸汽和热载体从干馏釜上部引出，依次通过前冷凝器和列管式冷凝器，分离出木醋液，不凝缩性气体由风机送至泡沫吸收器，用水吸收甲醇等低沸点组分，而其他冷却到20 ~ 30℃经鼓风机冷却木炭，然后燃烧产生载热体。

6.包装入库

木炭贮存切记防火、防潮、防水。

（四）适宜区域

秸秆热解碳化技术适用于秸秆资源丰富、规模大、农民居住较为集中的村镇。

（五）典型案例

南京市六合区某公司，2013年开展热裂解生物质炭化生产。投产以来，累计消耗周边12多万亩、近4万吨秸秆，加工秸秆颗粒2万吨，累计销售生物炭3 500吨，相当于减排28 000吨二氧化碳当量。2015年4月起，在六合区冶山街道石柱林村、马集工业园、平山林场茶园进行了生物炭和炭基肥百亩农田示范，改土增效效果明显。

五、秸秆直接燃烧发电技术

（一）技术原理与应用

秸秆直接燃烧发电技术是将秸秆等生物质能原料，在专用生物质蒸汽锅炉中进行燃烧，产生高温、高压蒸汽，驱动蒸汽轮机做功，最后带动发电机产生清洁高效的电能的技术。

（二）技术流程

秸秆直燃发电主要由专用送料输料系统、生物质直燃锅炉、汽轮发电机组、除尘、灰渣收集等系统组成。其技术流程是专用生物质送料器将生物质送入锅炉燃烧室，燃烧后的烟气经过除尘等净化装置处理后达标排放，灰渣可以直接作为肥料，也可作为生产复合肥料的原料。

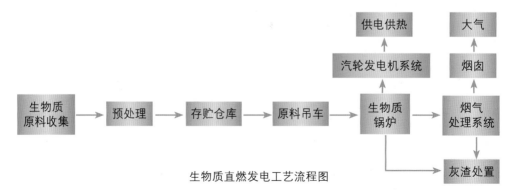

生物质直燃发电工艺流程图

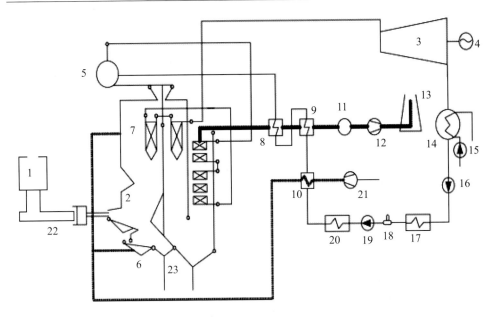

生物质直燃发电系统示意图

1.料仓　2.锅炉　3.汽轮机　4.发电机　5.汽包　6.炉排　7.过热器　8.省煤器　9.烟气冷却器　10.空气预热器　11.除尘器　12.引风机　13.烟囱　14.凝汽器　15.循环水泵　16.凝结水泵　17.低压加热器　18.除氧器　19.给水泵　20.高压加热器　21.送风机　22.给料机　23.灰斗

（三）技术操作要点

目前国内投产的秸秆直接燃烧生物质发电项目，炉型基本上以水冷振动炉排锅炉和循环流化床锅炉为主。

1. 水冷振动炉排锅炉

在丹麦，秸秆进炉燃烧一般有两种方式：一种是麦秆捆进入炉膛采用"雪茄式燃烧"，同时将破碎的秸秆以抛撒或者风力输送的方式送入炉膛燃烧，燃烧后散落或者未燃尽的麦秆、半焦等在炉排上继续燃烧；另一种是炉前破碎后入炉燃烧，国内的振动炉排锅炉多采用这种模式。

2. 循环流化床锅炉

该技术是一种高效、低污染的清洁燃烧技术，具有燃料适应性广、运行稳定等诸多优点，近年来受到越来越多的关注，世界上有许多国家，如日本、美国和欧洲各国等都在研究开发循环流化床锅炉生物质直燃技术和产品。在国内，浙江大学循环流化床燃烧技术方案已经在中国节能环保集团公司投资的宿迁生物质发电厂实施应用。除了浙江大学以外，国内还有一些机构进行生物质循环流化床锅炉的研发，如哈尔滨工业大学与长沙锅炉厂合作研制了多台生物质流化床锅炉，可以适用于甘蔗渣、稻壳、碎木屑等多种生物质；武汉凯迪控股有限公司自主开发了生物质循环流化床锅炉，在湖北省来凤县、崇阳县、松滋县，湖南省临澧县、广西壮族自治区北流县，安徽省南陵县、霍邱县等地建设的30兆瓦机组项目均已投产运行。

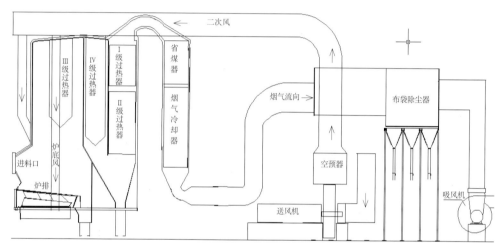

振动式炉排锅炉系统示意图

（四）注意事项

（1）与煤相比，秸秆等生物质通常含水量高，挥发分高、灰分低，热值也比较低，燃烧特性也有所不同。特别是农作物秸秆碱金属含量比煤高，灰熔点低，在燃烧过程中容易积灰和结渣；飞灰中的碱金属和烟气中的氯，还会腐蚀受热面。碱金属和氯的含量与农林生物质的品种有关，各地并不尽相同。其中，稻秆、麦秆、玉米秆等黄秸秆和稻壳中碱金属的含量比较高，燃烧结渣和腐蚀的风险比较大；棉秆、树枝木片等灰秸秆的碱金属含量通常比黄秸秆要小的多，结渣和腐蚀的风险也比较小。

（2）由于秸秆等生物质的特性与煤差异较大，因此对锅炉设计有特殊的技术要求。水冷振动炉排锅炉和循环流化床锅炉适合于原料容易收集的地区或者几种大规模的生物质发电（大于25兆瓦）。目前国内立项和投产的生物质发电项目，炉型基本上以水冷振动炉排锅炉和循环流化床锅炉为主。

（五）适宜区域

秸秆直接燃烧发电主要适合于我国的粮食主产区，秸秆资源丰富的地区。

（六）典型案例

国能射阳生物发电有限公司位于盐城市射阳县经济开发区西区，项目总投资2.75亿元。电厂一期规模占地150亩，建设一台引进丹麦BWE公司的技术生产制造、采用振动炉排方式燃烧秸秆、额定容量为130吨/时 高温高压参数的电厂锅炉和一台额定容量30兆瓦、由武汉汽轮发电机厂生产制造的单级抽汽凝汽式高温高压参数的汽轮发电机组。于2007年6月26日成功并网发电。

该电厂所利用的秸秆种类很多，已达50余种。电厂所利用的秸秆等生物质品种繁多，主要以棉秆等硬质秸秆为主要燃料，占全厂燃料总量的1/5。其余部分有农作物秸秆以及粮食、木材加工废弃物、农林废弃物、水生藻类以及压缩成形燃料。

在正常负荷下，电厂每天的发电量应在60万～70万千瓦·时，而目前只有50万千瓦·时，电厂全年的总发电量达1.5亿千瓦·时，净上网电量为1.35亿千瓦·时（厂内部耗电率为10%）。电厂目前的上网电价为0.646元/千瓦·时，则电厂一年的售电收益约为8 721万元。

国能射阳生物质发电厂

生物质发电料场

生物质发电厂料场

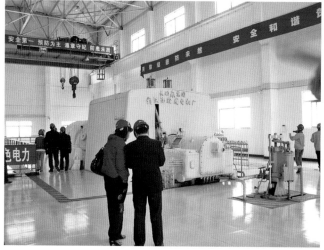

生物质发电厂发电车间

六、秸秆制取生物乙醇技术

（一）技术原理与应用

乙醇俗称酒精，化学分子式为CH_3CH_2OH，是一种无色透明且具有特殊芳香味和强烈刺激性的液体。车用乙醇汽油是在汽油中混合一定比例的变性燃料乙醇而形成的一种新型混合燃料，又称汽油醇(gasohol)。乙醇的混合量为10.0%(v/v)，一般称为E10，交通工具的发动机和燃油系统略加调整即可。

燃料乙醇的热值比汽油的热值低，车用乙醇汽油加入10%的乙醇，其热值理论上降低了3%，会使汽车的动力性能下降；但乙醇中含氧，使汽油中含氧量增加3.5%，将汽油中原不能完全燃烧的部分充分燃烧，提高了燃料的热值，从而减少了油耗，两者相抵，总体油耗持平或略有下降。作为替代燃料，燃料乙醇具有如下的特点：

（1）乙醇燃烧过程中所排放的二氧化碳和含硫气体均低于汽油燃烧所产生的对应排放物，燃烧过程比普通汽油更完全，一氧化碳排放量可降低30%左右。

（2）乙醇是燃油氧化处理的增氧剂，使汽油增加氧，燃烧更充分，达到节能和环保目的。而且，具有极好的抗爆性能，可有效提高汽油的抗爆指数。

（3）因乙醇汽油的燃烧特性，能有效的消除火花塞、燃烧室、气门、排气管消声器部位积炭的形成，优化工况行为，避免了因积炭形成而引起的故障，延长部件使用寿命。

秸秆制取生物乙醇技术是指以农作物秸秆为原料，经过物理或化学方法预处理，利用酸解或酶解方法将秸秆中的纤维素和半纤维素降解为单糖，然后，再经过发酵和蒸馏生产乙醇。利用秸秆等木质纤维素资源取代传统的玉米等粮食原料生产低成本乙醇，能够做到"不与民争粮、不与粮争地"，已经成为国际上资源利用和替代能源重要方向之一。

（二）技术流程

秸秆等纤维素原料生产乙醇的过程可以分为两步。第一步，把纤维素水解为可发酵的糖，即糖化；第二步，将发酵液发酵为乙醇。

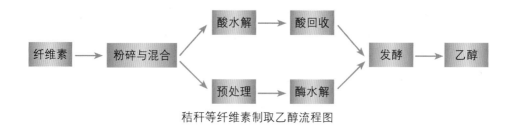

秸秆等纤维素制取乙醇流程图

（三）技术操作要点

1.预处理

目前，国内外针对不同来源的原料特点，研究开发了很多预处理技术，包括酸预处理（稀酸或浓酸）、碱（氢氧化钠）预处理技术、石灰预处理技术、氨预处理技术、汽爆等，这些不同的技术路线在过程能耗，糖的收率，对酶解、发酵和污染物处理的影响各有不同。

2.水解

把纤维素水解为可发酵的糖，即糖化，分为酸水解和酶水解。纤维素酸水解的发展已经历了较长时间，水解中常用无机酸（硫酸或盐酸），可分为浓酸水解和稀酸水解。在酸水解过程中，使用了大量的酸、氧化剂和敏化剂等化学试剂，水解条件较为苛刻，后续处理困难，且生成许多副产品。

酶水解是生化反应，使用的是微生物产生的纤维素酶，生产工艺包括酶生产，原料预处理和纤维素水解等步骤。酶水解选择性强，可在常压下进行，反应条件温和，微生物的培养与维持仅需少量原料，能量消耗小，可生成单一产物，糖转化率高(＞95%)，无腐蚀，不形成抑制产物和污染，是一种清洁生产工艺。

3.发酵

发酵方式分为间歇式、半连续式和连续式。间歇发酵操作比较简单，无菌条件要求低。半连续发酵的主发酵阶段采用连续方式，而后发酵阶段采用间歇发酵的方式，不需要经常制备酒母，缩短了发酵时间。连续发酵的各个阶段在不同的发酵罐内独立进行，整个操作过程是连续进行的，具有较高生产率，可为微生物的生长提供恒定环境，且能达到高转化率。100千克糖在理论上可产出51.11千克的乙醇和48.89千克的二氧化碳。

4.蒸馏

乙醇的蒸馏过程分为粗馏和精馏，从发酵成熟醪分离出乙醇和其他挥发性杂质的过程为粗馏，所用的设备为粗馏塔；继续将其他挥发性杂质和一部分水除去，进一步提高乙醇浓度为精馏，所用的设备为精馏塔。

（四）注意事项

（1）该技术对水的含量有着十分苛刻要求　一旦车用乙醇汽油含水超标，就会造成分层，影响使用效果。因此，车用乙醇汽油对贮运条件及管理要求非常严格。在国外，燃料乙醇一直采用汽车、火车、轮船等价格较高的运输手段，并使用专门的贮罐、槽车、调和及加油设施。

（2）防止乙醇外流是又一个值得注意的问题　燃料乙醇就是一种工业酒精，若在大规模生产销售过程中发生外流，被不法分子用来制造假酒，后果不堪设想。

（3）在车用乙醇汽油的使用过程中，也会产生其他问题　我国目前正在使用的车型较多，其中一些老车型的部分橡胶零部件有可能被燃料中的乙醇腐蚀，需换成金属、陶瓷、尼龙等材质部件，这种情况在美国和巴西都曾出现过。乙醇对汽车油箱等有清洁作用，会把一些老油垢清理掉，可能造成油路的堵塞。

（4）纤维素乙醇的生产主要包括原料预处理、酶解、发酵和精馏等环节　纤维素制乙醇技术主要技术难题包括预处理、酶解、戊糖己糖共发酵以及废水处理4个方面。预处理技术还没有取得实质性突破，普遍存在能耗高、污染大、抑制物多且难以去除等缺陷，难以实现商业化生产；纤维素酶制剂的研发及应用大多存在成本高、转化效率低、反应周期长等问题，难以适应大规模生产；纤维素乙醇的污水处理很少被人关注，极不利于保护生态环境。在目前的技术条件下，即使加上补贴，纤维素乙醇也不具备市场竞争力。

秸秆制取乙醇技术是指利用农作物秸秆、灌木林、林业剩余物以及能源草等木质纤维素为原料，生产的生物燃料乙醇的技术。

（五）适宜区域

秸秆制取纤维素乙醇主要适合于我国的粮食主产区，秸秆资源丰富的地区。

（六）典型案例

河南天冠企业集团利用先进的转化技术将秸秆纤维素生产乙醇，半纤维素用于生产沼气，木质素用做化工原料。将秸秆经精炼平台转化产品后的残余物用于生态农业，实现绿色工业反哺农业，形成绿色循环产业链，改良生态系统。

目前，天冠集团已经在河南南阳建设了年产3万吨秸秆乙醇的生产线，并配套建设纤维素酶项目。项目规划完成后，每年可实现销售收入156亿，利用秸秆1 400万吨，农民增收42亿元，与一代燃料乙醇相比可节约粮食700万吨。

河南天冠年产1万吨纤维素乙醇示范装置

第六部分　秸秆原料化利用

一、秸秆人造板材生产技术

（一）技术原理与应用

秸秆人造板是以麦秸或稻秸等秸秆为原料，经切断、粉碎、干燥、分选、拌以异氰酸酯胶黏剂、铺装、预压、热压、后处理（包括冷却、裁边、养生等）和砂光、检测等各道工序制成的一种板材。我国秸秆人造板已成功开发出麦秸刨花板，稻草纤维板，玉米秸秆、棉秆、葵花秆碎料板，软质秸秆复合墙体材料，秸秆塑料复合材料等多种秸秆产品。

（二）技术流程

农作物秸秆制板的工艺流程可归结为2种，即集成工艺和碎料板工艺。

1. 集成工艺流程

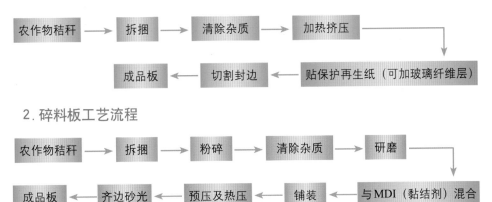

2. 碎料板工艺流程

（三）技术操作要点

1.原料准备

必须配备专门的原料贮场，最好要有遮棚，以防淋雨。为了防止原料堆垛发生腐烂、发霉和自燃现象，应控制好原料含水率，一般应低于20%。

2.碎料制备

若为打包原料，需用散包机解包，再送入切草机，将稻秸秆加工成50毫米左右的秸秆单元；若原料为散状，则直接将其送入切草机加工成秸秆单元。为了改变原料加工特性，可以对稻秸秆进行处理，一般可以采用喷蒸热处理。工艺上通常用刀片式打磨机将秆状单元加工成秸秆碎料，若借用饲料粉碎设备时，要注意只能用额定生产能力的70%进行工艺计算。

3.碎料干燥

打磨后的湿碎料需经过干燥将其含水率降低到一个统一的水平。由于稻秸秆原料的含水率不太高，此外，使用MDI胶时允许在稍高的含水率条件下拌胶，故干燥工序的压力不大，生产线上配备1~2台转子式干燥机即可。

4.碎料分选

干燥后的碎料要经过机械分选（可用机械振动筛或迴转滚筒筛）进行分选，最粗和最细的碎料均去除，可用作燃料，中间部分为合格原料，送入干料仓。

5.拌胶

生产中采用异氰酸酯作为胶黏剂，施胶量为4%~5%，若采用滚筒式拌胶机，要力求拌胶均匀，为防止喷头堵塞，在每次停机后均需用专门溶剂冲洗管道和喷头。拌胶时还可以加入石蜡防水剂和其他添加剂。拌胶后的碎料含水率控制在13%~15%。

6.铺装

需要注意在板坯宽度方向上铺装密度的均匀性，同时要防止板坯两侧塌边。

7.预压和板坯输送

为降低板坯厚度和提高板坯的初强度，生产线上配备了连续式预压机，在流水线中，采用了平面垫板回送系统。

8.热压

热压温度保持在200℃左右，单位压力在2.5~3.0兆帕，热压时间控制在

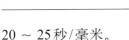

20～25秒/毫米。

9. 后处理

后处理包含冷却、裁边和幅面分割。经过必要时间后的产品采用定厚砂光机进行砂光，保证板材厚度符合标准规定的要求。

10. 检验

用国产化秸秆碎料板生产线制造的产品其物理力学性能符合我国木质刨花板标准的要求，但甲醛释放量为零。

（四）注意事项

1. 原料含水率要控制

通常贮存的原料含水率在10%左右，当年送到工厂的麦秸秆原料含水率在15%左右。由于使用异氰酸酯胶黏剂，允许干燥后的含水率稍高，在6%～8%，这就表明稻秸秆原料的干燥负载不大，一般仅相当于木质刨花板生产的40%～50%。所以，要根据具体情况设计干燥系统和进行设备选型，以避免造成机械动力、能源和生产线能力的浪费。

2. 原料的收集、运输和贮存

秸秆是季节性农作物剩余物，收获季节在秸秆产区常发生地方小造纸厂、以秸秆为原料的生物发电厂和秸秆板企业之间争夺原料问题，如果没有地方政府行政干预，单凭秸秆板厂独立运作，很难实现计划收购；秸秆的特性是蓬松、质轻、易燃，即便打捆后运输也十分困难，如果秸秆运输半径大于50千米，则运输成本会大大增加；农作物秸秆含糖量比较多，因此易发生霉烂，不利于秸秆贮存。

3. 生产过程中脱模问题

秸秆人造板生产使用异氰酸酯作为胶黏剂，虽然解决了脲醛树脂胶合不良的问题，但同时也存在热压表面严重黏板问题。目前国内解决黏板问题的方法主要为脱模剂法、物理隔离法和分层施胶法。此外，也有在板坯表面铺洒未施胶的细小木粉，隔离异氰酸酯胶与热压板和垫板的接触，从而达到脱模的效果。

4. 施胶均匀性问题

秸秆板以异氰酸酯为胶黏剂，考虑到异氰酸酯的胶合性能及其价格，施胶量一般控制在3%～4%，约为脲醛树脂施胶量的1/4。然而秸秆刨花的密度仅为木质刨花的1/4～1/5。要使如此小的施胶量均匀地分散于表面积巨大的秸秆刨花上非常困难，目前生产实践中采用如下两种施胶方法：一种是采用木刨花板拌胶机的结构，加大拌胶机的体积，以保证达到产量和拌胶均匀的要求；另外一种是采用间歇式拌胶的方法，使得秸秆刨花在充分搅拌情况下完成施胶过程。

5.板材的养生处理及运输问题

秸秆刨花板往往热压后含水率偏低，置于温湿差异较大的大气空间中，过一段时间后，会吸湿膨胀而发生翘曲变形（薄板更为明显）。为了克服这种现象，需要对板材进行养生处理，消除板材内应力，均衡含水率，消除板材翘曲变形。

（五）适宜区域

秸秆人造板材适宜于全国粮食主产区附近，即农作物秸秆资源量较大的区域。如河北、湖北、江苏、黑龙江、山东、四川、安徽等地。

二. 秸秆复合材料生产技术

（一）技术原理与应用

秸秆复合材料就是以可再生秸秆纤维为主要原料，混配一定比例的高分子聚合物基料（塑料原料），通过物理、化学和生物工程等高技术手段，经特殊工艺处理后，加工成形的一种可逆性循环利用的多用途新型材料。这里所指秸秆类材料包括麦秸、稻草、麻秆、糠壳、棉秸秆、葵花秆、甘蔗渣、大豆皮、花生壳等，均为低值甚至负值的生物质资源，经过筛选、粉碎、研磨等工艺处理后，即成为木质性的工业原料，所以秸秆复合材料也称为木塑复合材料。秸秆复合材料是利用低值甚至负值的生物质材料开发环保节能材料和绿色建筑材料的绿色途径，它不仅打通了第一产业和第二产业的联系通道，也能够在第三产业中发挥重要作用，能够充分体现和实践资源综合利用和可持续发展理念，是经济新常态下新兴生态功能产业的代表性产物。

（二）技术流程

秸秆复合材料工业化生产中所采用的主要成形方法有：挤出成形、热压成形和注塑成形三大类。由于挤出成形加工周期短、效率高、设备投入相对较

秸秆复合材料

小、一般成形工艺较易掌握等因素，目前在工业化生产中与其他加工方法相比有着更广泛的应用。

　　此处重点介绍复合材料挤出成形工艺，从加工程序上分类，它可分为一步法和多步法，一步法是将复合材料的配混、脱挥及挤出工序合在一个设备或一组设备内连续完成；多步法则是把复合材料的配混、脱挥和挤出工序分别在不同的设备中完成——即先将原料配混制成中介性粒料，然后再挤出加工成制品。从成形方式上分类，它可分为热流道牵引法和冷流道顶出法。热流道牵引法主要用于以聚氯乙烯（PVC）为基料的发泡类室内装饰产品系列；而冷流道顶出法则多用于以聚乙烯（PE）、聚丙烯（PP）为基料的非发泡类户外建筑产品系列。

　　秸秆复合材料两步法挤出成形工艺流程如下：

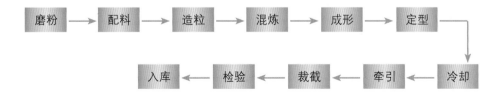

秸秆复合材料造粒设备

（三）设备选型

秸秆复合材料的加工方式表面上与塑料加工方式基本没有什么区别，主要设备外观似乎也大致相同，但实际上秸秆复合材料的加工工艺要求及参数与塑料加工相距甚远。但由于目前国内仍然没有专业的秸秆复合材料装备生产厂家，所以秸秆复合材料生产装备一般来说还是要从塑料设备生产厂家那里采购，但其工艺参数绝对不同，装备配置和结构也有较大变化。

目前可用于秸秆复合材料挤出成形的设备主要是螺杆挤出机。它是能将一系列化工基本加工单元和过程，如固体输送、增压、熔融、排气、脱湿、熔体输送和泵出等物理过程，集中在挤出机内的螺杆上来进行的机器，又分为单螺杆挤出机和双螺杆挤出机。

单螺杆挤出机作为一种常见的挤出设备，通常是完成物料的输送和塑化任务，在其有效长度上通常分为三段，按螺杆直径大小、螺距、螺深来确定三段有效长度，一般按各占1/3划分。但是，由于秸秆复合材料原料构成的特殊性，使得单螺杆挤出机在秸秆复合材料挤出中受到较大限制，必须采用特殊设计的螺杆，务必使螺杆应具有较强的原料输送和混炼塑化能力，才能适应生产需求。由于单螺杆机塑化能力所限，在实际应用中更多被用作造粒挤出设备。

相比单螺杆挤出机，双螺杆挤出机能使熔体得到更加充分的混合，因此应用更广泛。双螺杆挤出机依靠正位移原理输送和加工物料，它又可分为平行双螺杆挤出机和锥型双螺杆挤出机。平行双螺杆挤出机可以直接加工木粉或植物纤维，可以在完成木粉干燥后再与树脂熔融分开进行。锥型双螺杆挤出机与"配混"型设备比，其锥型螺杆的加料段直径较大，可对物料连续地进行压缩，可缩短物料在机筒内的停留时间，而计量段直径小，对熔融物料的剪切力小，这对于加工热塑性秸秆复合材料而言是一大优势，故被称之为低速度、低能耗的秸塑形材挤出专用设备。

由于模压成形和注塑成形的主要机械基本都是现成的通用设备，而且在国内有诸多厂家产品可供选择，所以在此处不作专门介绍。应该注意的是，因为秸秆复合材料制备有许多自己的加工特点和要求，所以在选购时一定根据自己的工艺流程来挑选与之匹配的装备，而不能完全根据厂家的推荐来决定设备怎样购进。必要的时候，可以向厂家提出自己的工艺要求，以期在生产环节获得更大的自由度，更加有利产品质量和生产效率。

（四）注意事项

（1）与加工塑料比，秸秆复合材料生产有许多新的特性和要求，比如要求螺杆要能适应更宽的加工范围，对纤维切断要少，塑料原料处于少量时仍能使木粉均匀分散并与其完全熔融；由于木质材料比重小、填充量大，加料区体积要比常规型号的大且长；若木粉加入量大，熔融树脂刚性强，还要求有耐高背压齿轮箱；螺杆推动力强，应采用压缩和熔融快、计量段短的螺杆，确保秸秆粉体停留时间不至过长等。同时，秸秆复合材料在加工过程中的纤维取向程度对制品性能有较大的影响，所以必须要合理设计流道结构，以获得合适的纤维取向来满足制品的性能要求。此外，秸秆复合材料制品在相同强度要求下，厚度要比纯塑料制品大，且其多为异形材料，截面结构复杂，这使得其冷却较为困难，一般情况下采用水冷方式，而对于截面较大或结构复杂的产品，就需采用特殊的冷却装置和方法。

（2）不管采用任何一种加工方式，模具于秸秆复合制品的制造来说都是不可或缺的。基于秸秆复合材料的热敏感性，其模具一般采用较大的结构尺寸以增加热容量，使整个机头温度稳定性得以加强；而沿挤出方向尺寸则取较小值，以缩短物料在机头中的停留时间。除了模具的形状合理和参数的准确，模具表面的处理也十分重要，因为其关乎使用寿命和产品精度，特别是在挤出成形的加工方式中。

（五）适宜区域

（1）严格意义上讲，中国的秸秆纤维原料从分布来讲，可以说是遍布于全国各地，基本没有空白地区可言。但在秸秆复合材料生产/销售的实际操中，真正达到产业化应用要求，还面临许多实际困难。所以，应在相关单位的指导下，按照市场化原则合理利用资源，以免造成原料价格无理攀升。

（2）秸秆复合材料的另一个特点是材料/制品的界限比较模糊，比如其板材可以单独作为栈道铺板，也可以仅仅是作为家具基材。从当前的技术水平及发展趋势，以及经济价值和推广应用来看，国内相关企业近期应该在以下领域开始规模化拓展：门窗、家具、饰材、集成房屋和多功能板材。

三、秸秆清洁制浆技术

秸秆清洁制浆技术是对传统秸秆制浆工艺的革新，其目标是以资源减量化，废弃物资源化和无害化，或消灭于生产过程中为原则，以高效备料，蒸煮等技术手段实现秸秆纤维质量的提高和生产过程污染物产生的最小化和资源化，其工艺路线从生产源头上来防治。该部分重点介绍有机溶剂制浆技术、生物制浆技术和DMC（digesting wish material cleanly，简称DMC，可译为"净化原料"）清洁制浆技术。

（一）有机溶剂制浆技术

1. 技术概述

有机溶剂法提取木质素就是充分利用有机溶剂（或和少量催化剂共同作用下）良好的溶解性和易挥发性，达到分离、水解或溶解植物中的木质素，使得木质素与纤维素充分、高效分离的生产技术。生产中得到的纤维素可以直接作为造纸的纸浆；而得到的制浆废液可以通过蒸馏法来回收有机溶剂，反复循环利用，整个过程形成一个封闭的循环系统，无废水或少量废水排放，能够真正从源头上防治制浆造纸废水对环境的污染；而且通过蒸馏，可以纯化木质素，得到的高纯度有机木质素是良好的化工原料，也为木质素资源的开发利用提供了一条新途径，避免了传统造纸工业对环境的严重污染和对资源的大量浪费。近年来有机溶剂制浆中研究较多的、发展前景良好的是有机醇和有机酸法制浆。

2.技术流程

以常压下稻草乙酸法制浆为例，技术流程为：长度为2～3厘米稻草在液比12 : 1、0.32%H_2SO_4或0.1%HCl的80%～90%乙酸溶液中制浆3小时。粗浆用80%的乙酸过滤和洗涤3次，然后用水洗涤。过滤的废液和乙酸洗涤物混合、蒸发、减压干燥。水洗涤物注入残余物中。水不溶物（乙酸木素）经过滤、水洗涤，然后冻干。滤液和洗涤物结合、减压浓缩获得水溶性糖。粗浆通过200目的筛进行筛选，保留在筛子上的是良浆，经过筛的细小纤维浆用过滤法回收。

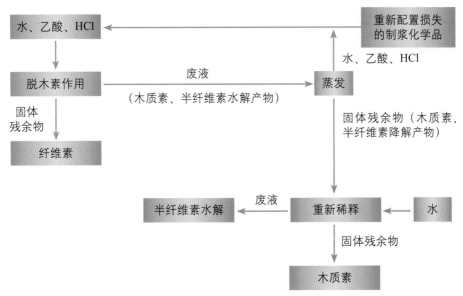

常压稻草乙酸法制浆流程

3.技术操作要点

（1）原料　原料为收集好的麦草。贮存期1年左右，含水量为9.5%。人工切割，长度3厘米左右，风干后贮存于塑料袋中平衡水分备用。

（2）制浆　将麦草和95%的乙酸按10 : 1的比例加入到带回流装置的圆底烧瓶内，常压下煮沸1小时，此为预浸处理。冷却，把预处理液倾出，同时加入95%的乙酸水溶液及一定量的硫酸蒸煮，液比为10 : 1。

（3）洗浆　分离粗浆和蒸煮黑液。粗浆经醋酸水溶液和水相继洗涤后，疏解、筛选得到细浆。

（4）蒸煮废液的处理　将蒸煮废液与粗浆的乙酸洗涤液混合后用旋转蒸发器浓缩，回收的乙酸用于蒸煮或洗涤，浓缩后的废液中注入8倍量的水使木素沉淀。经沉淀、过滤后与上清液分离,沉淀即为乙酸木素,滤液为糖类水溶液(主要来自于半纤维素降解)和少量的木素小分子。

(5) 检测 细浆用PFI磨打浆,浆浓为10%。采用凯赛快速抄片器进行抄片,纸页定量60克/米^2。在标准条件下平衡水分后按照国家标准方法测定纸页的性质。

(二)生物制浆技术

1.技术概述

生物制浆是利用微生物所具有的分解木质素的能力,来除去制浆原料中的木质素,使植物组织与纤维彼此分离成纸浆的过程。生物制浆包括生物化学制浆和生物机械制浆。生物化学法制浆是将生物催解剂与其他助剂配成一定比例的水溶液后,其中的酶开始产生活性,将麦草等草类纤维用此溶液浸泡后,溶液中的活性成分会很快渗透到纤维内部,对木素、果胶等非纤维成分进行降解,将纤维分离。

2.技术流程

干蒸法制浆是将麦草等草类纤维浸泡后,沥干,用蒸汽升温干蒸,促进生物催解剂的活性,加快催解速度,最终高温杀酶,终止反应。制浆速度快,仅需干蒸4~6小时即可出浆。其主要技术流程为:浸泡、沥干、装池(球)、生物催解、干蒸、挤压、漂白制浆。

3.技术操作要点

(1) 浸泡 干净干燥的麦草(或稻草)投入含生物催解剂的溶液中浸泡均匀,约30分钟最好。

(2) 沥干 将浸泡好的麦草捞出后沥干水分,沥出的浸泡液再回用到原浸泡池中。

(3) 装池(球) 将沥干后的麦草或稻草装入池或球中压实。

(4) 生物催解 在较低的温度下进行生物催解,将木素、果胶等非纤维物质降解,使之成为水溶性的糖类物质,以达到去除木素,保留纤维的目的。

(5) 干蒸 生物降解达到一定程度后即可通入蒸汽,温度控制在90~100℃,时间3~5小时,杀酶终止降解反应,即可出浆。

(6) 挤压 取出蒸好的浆,用盘磨磨细,放入静压池或挤浆机,用清水冲洗后挤干。静压水可直接回浸泡池作补充水,也可絮凝处理后达标排放或回用。

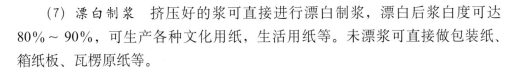

（7）漂白制浆　挤压好的浆可直接进行漂白制浆，漂白后浆白度可达80%～90%，可生产各种文化用纸，生活用纸等。未漂浆可直接做包装纸、箱纸板、瓦楞原纸等。

（三）DMC清洁制浆技术

1.技术概述

在草料中加入DMC催化剂，使木质素状态发生改变，软化纤维，同时借助机械力的作用分离纤维；此过程中纤维和半纤维素无破坏，几乎全部保留。DMC催化剂（制浆过程中使用）主要成分是有机物和无机盐，其主要作用是软化纤维素和半纤维素，能够提高纤维的柔韧性，改性木质素（降低污染负荷）和分离出胶体和灰分。DMC清洁制浆法技术与传统技术工艺与设备比较具有"三不"和"四无"的特点。"三不"：①不用愁"原料"（原料适用广泛）；②不用碱；③不用高温高压。"四无"：①无蒸煮设备；②无碱回收设备；③无污染物（水、汽、固）排放；④无二次污染。

2.工艺流程

DMC制浆方法是先用DMC药剂预浸草料，使草片软化浸透，同时用机械强力搅拌，再经盘磨磨碎成浆。即经切草、除尘、水洗、备料、多段低温（60～70℃）浸渍催化、磨浆与筛选、漂白（次氯酸钙、过氧化氢）等过程制成漂白浆。其粗浆挤压后的脱出液（制浆黑液）明显呈强碱性（pH13～14，残碱含量大于15克/升），浸渍后制浆废液和漂白废水经处理后全部重复使用，污泥浓缩后综合利用。

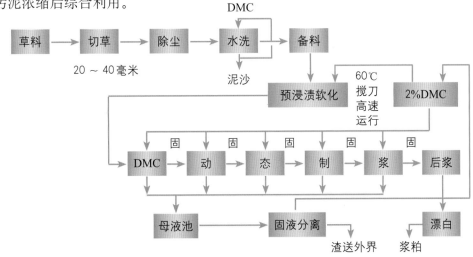

禾科纤维原料本色浆生产工艺流程

3. 技术操作要点

（1）草料经皮带输送机输送到切草机，切成20～40毫米，再转送到除尘器，将重杂质除去，然后送入洗草机，加入2% DMC药剂，经过洗草辊不停地翻动，把尘土洗净。

（2）洗净的草料进入备料库后再转入预浸渍反应器，反应器加入2% DMC药剂，温度60℃，高速转动搅刀，使草料软化。

（3）预软化后的草料由泵输送到$1^{\#}$DMC动态制浆机，并依次输送到$2^{\#}$～$5^{\#}$，全程控温60～65℃，反应时间45～50分钟。

（4）制浆机流出的草料已充分软化和疏解，再用浆泵送入磨浆机，磨浆后浆料经加压脱水，直接进入浆池漂白，一漂使用ClO_2，二漂使用H_2O_2，即制成合格的漂白浆粕。

（5）流出的DMC反应母液进入母液池，经固液分离，液相返回DMC贮槽，浆渣送界外供作他用。全程生产线不设排污管道，只耗水不排水，称"零"排污。

第七部分 秸秆收贮运技术

（一）技术原理与应用

秸秆作为一种散抛型、低容重的资源，具有分散性、季节性、能量密度低、收获季节性强、贮运不方便等特点。同时我国农业又以家庭精耕细作为主，人均种植面积少，造成秸秆分布非常分散。而工业生产是连续的，这样生产与原料供应之间存在着矛盾，严重地制约了其大规模应用。

一般情况下，农作物籽实收获后，农作物秸秆作为一种副产品分散在田间地头。秸秆收贮运就是将分散在田间地头的秸秆，在保持其利用价值的前提下，采用经济、有效的收集方法和设备，及时进行收集、运输和存贮或直接运输至秸秆利用厂，并长期进行贮藏，是秸秆资源化利用的基础。

（二）技术流程

秸秆收贮运可以分为集中型收贮运模式和分散型收贮运模式。集中型收贮运模式，即由人工收集散秆或利用打捆机田间捡拾打捆收集后运往中心贮料厂，直接或打捆贮存；分散型收贮运模式，秸秆先由农户人工或机械收集后运输至收贮站直接或打捆贮存，再由秸秆经纪人定期运往中心料场加以利用。

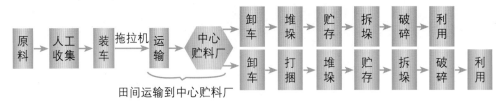

田间运输到中心贮料厂

模式A

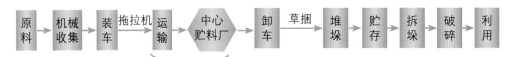

田间运输到中心贮料厂

模式B

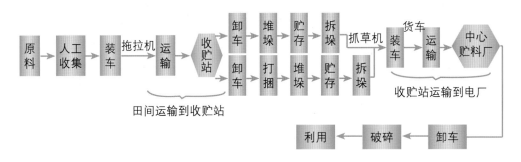

田间运输到收贮站

收贮站运输到电厂

模式C

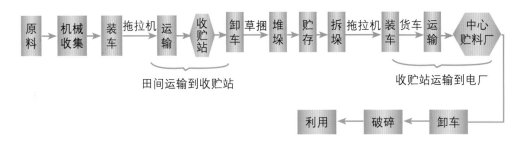

田间运输到收贮站

收贮站运输到电厂

模式D

秸秆收贮运技术流程

（模式A、B为集中型收储运模式，模式C、D为分散型收贮运模式）

（三）技术操作要点

1. 秸秆收集

主要有人工收集和机械收集两种。我国农作物秸秆传统收集方法主要靠人工获得，作业人员劳动强度大、效率低。随着机械化的快速发展，一些秸秆可以通过机械收集完成，不仅减少了劳动时间、减轻劳动强度，还提高了农业生产经济效益，其中粉碎后收集、直接打捆收集是两种主要的形式。

（1）人工收集

1）作物脱粒。水稻、小麦收获时，农作物籽粒随同秸秆一起运回打晒场地，经人力或机械对作物脱粒。玉米收获时，先在大田里将玉米棒收获，秸秆进行人工收集。

2）秸秆收集。将在打晒场地经过脱粒后的农作物秸秆，或联合收割机脱离后的秸秆用运输工具运回存放场地，进行码垛堆放。

（2）机械收集

1）打捆收集。打捆作业主要用于田间铺放、站立或抛洒的玉米秸秆的自动捡

人工收集农作物秸秆

拾、破碎、收集，通过搅龙输送、喂入、压缩成形、打结、扎捆等工序，把散状秸秆捆扎成外形整齐、规则的草捆。

为了提高效率可先用搂草机集条，在打捆机作业前，应先用搂草机将抛洒在田间的秸秆搂成趟，草趟宽度应在打捆机捡拾范围内，可提高打捆机作业效率，降低打捆成本；然后用打捆机进行打捆；再用草捆捡拾拖车捡拾、集堆或运至地头，采用插包机进行装车。应推广农作物联合收获、捡拾打捆、秸秆粉碎全程机械化。秸秆收获作业要严格执行GB/T 24675.6—2009的有关要求。

小型方捆打捆机若与90马力的拖拉机配套，平均每小时可打捆150～200捆，当秸秆含水量在35%左右时，每捆重量在15～20千克，每小时大约可生产3吨，捡拾率在85%左右，压缩比150千克/米^2。每吨收获成本（包括油料、捆绳、拖拉机租用费、人工费）70元左右。由于草捆较小，可在秸秆水分相对较高时进行打捆作业，造价相对较低，投资较小；适于长途运输，需要

小型秸秆打捆机

大型方捆打捆机

拖拉机的动力输出轴功率较小，可采用人工装卸。不足之处是：打捆作业及草捆搬运作业需要较多的劳力；设备结构复杂、运动点多（圆周运动、直线运动、间歇运动和曲线运动等），对用绳质量要求高，维修技术难度大、操作较复杂等。

大型方捆打捆机主要包括自动捡拾系统、喂料机构、预压填料系统、高密度成形压缩系统、双打结器系统、压力反馈自动控制系统、穿针系统、自动退料系统等。草捆质量为510～998千克，作业效率较高，秸秆成捆后都采用自动化机械化装卸，方便运输、贮藏等。打捆机的造价相对较高，投资较高，需要拖拉机发动机功率较大。

圆捆秸秆打捆机打出的秸秆捆为圆形，质量一般为134～998千克，草捆的大小可进行调节，圆捆可用网包和捆绳打紧。作业效率比小型方捆打捆机高，可在打捆后进行打包；圆捆打捆机的结构构成相对简单，不需要装配打结器，所以圆捆打捆机的故障少，成本较低价格便宜，所需配套动力小，该机运动结构简单，维修方便、易操作。圆捆打捆机的主要缺点是，当玉米秸秆在含水率较高的情况下，打捆机容易发生堵塞，无法进行正常工作；圆捆打捆机的工作方式为间歇性打捆，秸秆的捡拾与打捆不能同时进行。

M120型圆捆打捆机

　　液压方捆打捆机为固定作业，可将该机停放在田间地头，用输送带式装草机将秸秆送入液压打包机中压缩成捆，压缩比在350千克/米^2，每小时打包8～10捆，当秸秆含水量在35%左右时，每捆重量大约在500千克，每吨打包成本在30～40元。用液压方捆打包机打的草捆，适用于较远距离的工业化应用，运输距离在100千米以内，可收到较好的经济效益。

液压方捆打捆机

　　2）粉碎收集。具有收集运输成本，作业操作人员少、便于组织，劳动力成本低；但粉碎加工时受限制条件较多，如下雨、田间泥泞等，作业周期较短。

　　目前，秸秆青饲料收获已经发展成为集田间越野行走、喂入、切碎、抛送为一体，再配以青饲割台、捡拾系统或者收割喂入系统等模块化部装，可完成各种功能要求。散秆捡拾装运车也已发展成为集收割、搂集、捡拾喂入、切割、抛送、压缩、计量、自动卸料一体化的复合作业设备，而且演变为牵引式和自走式两种机型，配备了更为精密的电液控制系统，有效容积也分为大、中、小等不同规格的机型。

粉碎的棉花秸秆

2. 秸秆运输

（1）装载　搬运作业通常使用起重机和轮式装载机完成。

（2）运输　秸秆运输可采取散装或打捆等形式，应严格按照《道路交通安全法》规定，不超载、不超限，装载秸秆量占车厢容积或载质量超过80%以上，且没有与非秸秆混装、拼装等行为。

打捆后平板车运输

粉碎后的秸秆运输

运输距离在10千米以内短距离时，秸秆可采用农用车辆运输；运输距离超过10千米以上时，应采用专用车辆运输。

人工收集秸秆多采用三轮车或拖车运输。由于秸秆没有进行压缩预处理，运输秸秆的量小，适合短距离运输。

人工收集的农作物秸秆运输

三轮车运输

打捆秸秆一般采用平板车、大型汽车或专用车运输；粉碎后采用三轮车或汽车运输。其中，由于低速汽车（三轮：最高车速≤50千米/时；四轮：≤70千米/时）具有中低速度、中小吨位、中小功率、高通过性的特点，适应我国农村道路条件差、货源分散、单次运量少、运距短的运输特征，得到了广泛应用，采用这种运输方式能够实现长途运输。

装运秸秆的车辆，应配备一定的消防器材。秸秆在运输、停靠危险区域时，不准吸烟或使用明火。

秸秆专用运输车辆

已打捆秸秆运输及装卸

3. 秸秆贮存

目前，秸秆收集后贮存方式主要有3种：直接收集、建立秸秆收购站和秸秆贮存中心料场。直接收集是指农户自己把收集好的秸秆运送至秸秆利用厂，然后统一收购、加工和贮存；建立秸秆收购站是指按照农作物秸秆的资源分布情况，划分出若干收购区，在每个收购区内设立秸秆收购站，农户将秸秆从地里收集起来后，送到就近的秸秆收购站，由收购站将秸秆切碎、打捆，再运送至秸秆利用厂；建立中心料场是指由秸秆利用厂建立、管理，离秸秆利用厂距离比较近，占地面积很广阔的料场，农户或秸秆收购人将农作物秸秆运送到中心料场。

1）分散贮藏。为了减少对成形燃料厂的建设投资，厂区贮存秸秆的库房及场地不宜设置过大。大部分的秸秆原料应由农户分散收集、分散存放。应该充分利用经济杠杆的作用，将秸秆原料折合为成形燃料价格的一部分，或者采用按比例

秸秆贮存中心料场

交换的方式，鼓励成形燃料用户主动收集作物秸秆等生物质原料。例如可按农户每天使用的成形燃料量估算出全年使用总量，按原料单位产成形燃料量折算出该农户全年的秸秆使用量，然后根据燃料厂对原料的质量和品种要求，让农户分阶段定量向燃料厂提供秸秆等生物质原料。

2）集中贮藏。燃料厂将从农户收集来的秸秆等生物质原料集中贮存在库房或码垛堆放在露天场地。

4.具体秸秆储存建设和运行的工艺流程

（1）项目选址 秸秆收贮站选址应该根据其规模、收贮量、城镇总体规划及秸秆分布、可供应量综合选择，并结合选址的自然环境条件、建设条件等因素，经过技术经济综合评价后确定。

秸秆收贮站选址应遵循贮存安全、调运方便的原则，地理位置应处于区域农作物种植中心，场地平整、靠近主要运输公路、水电供应方便、且远离火源、易燃易爆厂房和库房等，同时用地符合国家土地政策。

（2）规模与建设内容 秸秆综合利用企业应根据自身情况，合理规划建设秸秆贮存场。贮存场规模应满足企业实际生产的需求。收贮站的建设可通过当地适合的秸秆收贮运模式、秸秆收集量、与秸秆利用厂的运输距离等综合确定，具体见下表。

收贮站规模与功用

类型	功用	存贮量	规模	适用模式	购置设备
临时收贮站	秸秆田间收集后堆垛在地头		视田间面积而定	分散型收贮运模式或者集中性收储运模式	一般需要拖拉机运输
收贮站	分布在秸秆利用厂周围，场地固定、专人进行管理、收购、运输	0～5万吨		分散型收贮运模式	固定式打捆机、拖拉机挂车或仓栅式货车、抓草机
中心贮料厂	一般由秸秆利用厂自主建设、管理，农户或者秸秆经纪人提供秸秆	5万～25万吨		集中性收贮运模式	固定式打捆机、抓草机、运输系统

（3）运营与维护　秸秆贮存场宜根据实际需要，配备秸秆全水分、灰分等必要的检验仪器设备，以及地磅、叉车、码垛机等设备设施。贮存场四周应当设置围墙或铁丝网。

秸秆堆垛的长边应与当地常年主导风向平行。秸秆堆垛后，要定时测温。当温度上升到40 ~ 50 ℃时，要采取预防措施，并做好测温记录；当温度达到60 ~ 70 ℃时，须拆垛散热，并做好防火准备。

水稻秸秆、小麦秸秆等易发生自燃的秸秆，堆垛时需留有通风口或散热洞、散热沟，并采取防止通风口、散热洞塌陷的措施。当发现堆垛出现凹陷变形或有异味时，要立即拆垛检查，清除霉烂变质的秸秆。

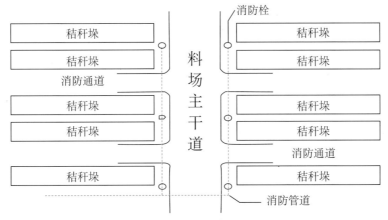

农作物秸秆贮藏料场示意图

粉碎的秸秆堆垛

已打捆秸秆堆垛

（四）注意事项

（1）农作物脱粒后，秸秆的水分仍然很高，不及时晾晒极易腐烂而无法再利用。在使用打捆机或其他秸秆收获设备收集秸秆，有条件的应使秸秆在田间晾晒几天，能够控制秸秆的水分。为防止打好捆的秸秆霉变，影响秸秆利用，方捆打捆水分一般不能超过35%，圆捆水分一般不能超过40%，气温在零下时打捆作业可不用考虑秸秆含水量。

（2）秸秆的搬运需要考虑输送距离、投资费用、运行及维护费用等。我国秸秆较分散，收集半径大，所以运输费用不得不考虑。

（3）贮存场须设置防火警示标识，按照有关规定设置消防水池、消火栓、灭火器等消防设施和消防器材，并放置在标识明显、便于取用的地点，由专人保管和维修。对进入其经营范围的人员进行防火安全宣传等。

贮存场在寒冷季节应采取防冻措施。消防用水可以由消防管网、天然水源、消防水池、水塔等供给。有条件的，宜设置高压式或临时高压给水系统。

（五）适宜区域

平原地区适宜机械收集模式，山区丘陵地带适合人工收集模式。

（六）典型案例

案例1：哈尔滨万客农机专业合作社

哈尔滨万客农机专业合作社目前已经投资2 000万元购置了拖拉机、进口打捆机等秸秆回收设备，形成了目前黑龙江省内最大一只规模化的秸秆收贮运的专业队伍，每天可实现秸秆收储运2 000吨的作业能力，在秸秆收贮运方面提供专业化服务。

这支规模化秸秆收贮运作业队先后经历了6月到安徽、河南、江苏、山东、河北唐山地区等小麦主产区进行收贮运；8月到黑龙江、内蒙古进行小麦、燕麦、牧草收贮运；10月在东北地区进行玉米秸秆收贮运；11月在黑龙江的大庆、三江地区进行芦苇收贮运。

使用纽荷兰青贮收割机收秸秆

打包机作业场面

圆捆捡拾拖车在作业

打好的麦秸圆捆

插包机在圆捆装车

地头集堆、码垛、装车

麦秸收贮运现场作业

圆捆捡拾拖车在作业

捡拾拖车地头卸料

案例2：国能单县发电有限公司秸秆收贮运模式

国能单县生物发电有限公司是由国能生物发电有限公司投资建设，建设内容为1×2.5万千瓦单级抽凝式汽轮发电机组，配以一台引进丹麦技术国内企业生产的130吨/小时生物质专用振动炉排高温高压锅炉，是国家级秸秆直燃发电示范项目。2006年12月1日建成并网发电，年发电量约1.5亿千瓦·时。

为了保证燃料供应，电厂在单县投资建设了8个燃料收储站，负责秸秆的收购、加工、贮存和调拨。收贮站的选址主要考虑秸秆资源分布、交通条件、地势、排水、电源、可利用水资源和地块面积等因素。最小的收贮站占地面积不小于30亩，最大不超过50亩；其中周围约5个收贮站辐射周边县市，每个收贮站覆盖的收购面积设计为150平方千米，收购半径为7～8千米。收贮站平均占地面积约30～40亩，采取棉秆切碎堆垛和棉秆堆垛两种方式，收购的棉秆进行切碎堆垛，待运往发电厂；或将收购多余部分棉秆直接进行堆垛处理，待收购量少时（或无收购时）拆剁切碎。

秸秆由农民经纪人与各个收贮站签订松散的供货合同来保障，供应能力每天1～2吨。目前，8座秸秆收贮站基本可以保证单县电厂每年15万～20万吨的燃料供应。此外，对于有收购、加工和贮存能力的大经纪人，电厂直接与其签订秸秆收购合同，确定秸秆的数量、质量、价格、运输及结算方式等，作为秸秆资源供应的一种补充形式。

收贮站到电厂的运输由专业物流公司承包，配备拖拉机28台，全挂车28台。全挂车为特制大型自卸侧翻车，装载能力6～7吨，配农用55型拖拉机牵引。电厂编制燃料需求计划，燃料供应部门制订物流计划，物流公司根据物流计划运送燃料到厂。大经纪人的运输一般自行解决。

图书在版编目（CIP）数据

秸秆综合利用 ／ 中国农学会 组编 . —北京：中国农
业出版社，2019.2

（扫码看视频 . 轻松学技术丛书）

ISBN 978-7-109-24779-6

Ⅰ . ①秸… Ⅱ . ①农… ②中… Ⅲ . ①秸秆－综合利
用 Ⅳ . ①S38

中国版本图书馆CIP数据核字（2018）第249454号

中国农业出版社出版

（北京市朝阳区麦子店街18号楼）

（邮政编码 100125）

责任编辑 郭晨茜 孟令洋 许艳玲 国 圆

北京通州皇家印刷厂印刷 新华书店北京发行所发行

2019年2月第1版 2019年2月北京第1次印刷

开本：700mm×1000mm 1/16 印张：10.5

字数：250千字

定价：59.90元

（凡本版图书出现印刷、装订错误，请向出版社发行部调换）